Pic à la recherche d'une larve.

RÉHABILITATION

DU PIC-VERT

OU

RÉPONSE AUX OBSERVATIONS D'UN PROPRIÉTAIRE

SUR

L'UTILITÉ DU PIC EN ANJOU

PAR

L'abbé VINCELOT

CHANOINE HONORAIRE, AUMONIER DU PENSIONNAT SAINT-JULIEN, MEMBRE TITULAIRE DE LA SOCIÉTÉ LINNÉENNE DE MAINE-ET-LOIRE.

Amicus Plato, sed magis amica veritas.
J'aime Platon, mais j'aime encore mieux la vérité.
(ARISTOTE.)

Ce Mémoire a été couronné par la Société Linnéenne, au concours de 1868

SE VEND AU BÉNÉFICE DE PETITS ORPHELINS

ANGERS

IMPRIMERIE P. LACHÈSE, BELLEUVRE ET DOLBEAU

13, Chaussée Saint-Pierre, 13.

1868

RÉHABILITATION

DU PIC-VERT

OU

Réponse aux observations d'un propriétaire

SUR

L'UTILITÉ DU PIC EN ANJOU.

A M. Aimé de Soland, président de la Société Linnéenne de Maine-et-Loire.

Monsieur le Président,

Cette année, la Société Linnéenne a déterminé, comme sujet du concours établi pour obtenir le prix dû à la bienveillance du Conseil général, une question d'histoire naturelle ou d'agriculture. J'ai cru entrer complétement dans le programme prescrit, en soumettant à la décision des juges du concours un plaidoyer en faveur des pics-verts, car c'est traiter une question d'ornithologie et rendre en même temps un véritable service à l'agriculture, que de combattre les préjugés malheureux qui font proscrire, par quelques propriétaires, les auxiliaires précieux et infatigables de leurs intérêts.

En abordant cette question, il m'est impossible, même en ne signant pas mon Mémoire, de garder entièrement l'anonyme. Mais dès lors que j'accepte le combat à découvert, je témoigne de ma confiance, et dans la justice de la cause que je défends, et dans l'impartialité des juges qui prononceront la sentence et trouveront, je l'espère, dans mon Mémoire, l'application de la maxime que j'adopte :

Amicus Plato, sed magis amica veritas.
J'aime Platon, mais j'aime encore mieux la vérité.

(ARISTOTE.)

Messieurs,

Au mois de mars 1867, un de mes honorables amis a présenté à la Société Linnéenne de Maine-et-Loire un Mémoire intitulé : « Réponse et conclusion d'un propriétaire sur la valeur du pic en Anjou. »

Ce mémoire était un véritable réquisitoire contre mes clients préférés ; il concluait à la proscription complète des pics-verts que je regarde comme des oiseaux utiles aux véritables intérêts de l'agriculture. M. Raoul de Baracé avait joint à son manuscrit un dossier d'un poids écrasant. Il avait apporté, ou plutôt il avait fait transporter dans un chariot les preuves palpables des terribles ravages exercés par les pics ; les unes étaient courtes, les autres longues ; quelques-unes comptaient soixante sèves, d'autres mesuraient plus de quatre-vingts centimètres de diamètre ; les unes étaient en bois dur, d'autres en bois tendre ; mais toutes portaient plus ou moins des plaies béantes creusées par le bec puissant des infortunés dont je défends la cause. C'était un réquisitoire fondé sur une exhibition à l'américaine. Sous le poids de pareilles pièces de conviction, le défenseur des pics aurait dû être écrasé ; heureusement pour lui, pour ses amis et même pour l'intérêt de l'agriculture, il n'en est rien. Ma conviction, loin d'être ébranlée par un choc si violent, n'en est devenue que plus ferme et plus profonde. Je viens donc, sous l'influence de cette conviction, rétablir la question des pics sur son véritable terrain, et essayer de démontrer, d'une manière évidente, que mon honorable ami a confondu, sans s'en apercevoir, la nourriture des pics avec leur nidification, et que dès lors il s'est trouvé entraîné, en partant d'un principe faux, à déduire des conséquences complétement erronées.

Afin qu'il n'y ait pas la moindre incertitude sur les principes que je défends, je commence par les expliquer.

J'appelle *oiseau utile,* non pas celui qui ne cause aucun dommage, mais celui dont les services surpassent les ravages qu'il exerce, comme je reconnais pour ouvriers utiles, pour domestiques utiles, non pas ceux qui ne coûtent rien aux personnes qui les emploient, mais ceux dont les services dépassent la valeur du salaire qu'on leur donne. Poser la question autrement, ce serait tomber dans l'absurde, parce que la logique démontre que toute entreprise utile n'est pas celle qui ne coûte rien, mais celle dont les recettes l'emportent sur les dépenses.

J'affirme donc, et j'espère le démontrer surabondamment, que le pic-vert est très-utile à l'agriculture, dans ce sens que les services qu'il rend surpassent de beaucoup les dégâts qu'il commet.

Afin de compléter ma pensée, je crois, ajouterai-je, que tous les êtres créés par Dieu forment, chacun par son utilité particulière, une chaîne indissoluble, et qu'il n'appartient à personne de condamner et surtout de briser un de ces anneaux. Quand j'étudie quelques-uns des êtres si multipliés, que la main de Dieu a semés dans l'univers, si je comprends leur raison d'être, si j'entrevois les liens qui les unissent à l'harmonie générale, je bénis le Seigneur ; mais si, au contraire, ces liens se dérobent aux lumières de ma faible intelligence, je m'incline respectueusement devant les mystères de la Toute-Puissance divine, et de mon cœur encore, s'échappe un hymne de reconnaissance et d'amour.

Je sais que placé au pied de la montagne, je ne puis, comme Dieu qui seul en occupe le sommet, embrasser l'horizon tout entier, et que vouloir juger l'ensemble de l'univers par la faible partie que j'entrevois, ce serait m'exposer à imiter Garo et à vouloir donner à Dieu des leçons de sagesse.

Mon honorable ami sait que toutes les créatures, excepté l'homme, n'ont d'autre volonté que celle qui leur a été donnée par Dieu, et que, selon l'expression de l'Écriture Sainte (Daniel, ch. iii), tous les êtres de la création, en accomplissant la mission qui leur a été confiée et à laquelle ils ne peuvent se dérober, chantent un hymne à la gloire de Dieu. Sur cette question les paroles des livres saints n'admettent aucune exception.

Aussi, pour faire une étude sérieuse des êtres créés par la main de Dieu, ne faut-il pas les considérer à un point de vue restreint, mais chercher à saisir les rapports d'utilité qui les lient à l'harmonie générale. Il ne s'agit pas de condamner les vents à cause des tempêtes, les mers à cause des naufrages, les fleuves à cause de leurs débordements, le feu à cause des terribles ravages qu'il occasionne. Ces éléments, ainsi que tous les êtres créés par l'intelligence et par la volonté divine, ont tous leur raison d'être, tous leur utilité en ce sens que les services qu'ils rendent dans l'harmonie générale, l'emportent de beaucoup sur les inconvénients dont ils semblent quelquefois être la cause.

J'admets donc que, de même que l'on combat les ravages exercés par le feu, par l'eau, quand ces éléments sortent de leurs limites ordinaires, sans que l'on puisse pour cela nier l'utilité de ces éléments, de même je reconnais que l'on peut combattre, dans certaines localités, la propagation trop multipliée de quelques oiseaux. Cette conduite que des circonstances spéciales pourraient justifier, ne donnera jamais le droit de proscrire une tribu d'ouvriers infatigables et dévoués aux intérêts de l'agriculture.

Avant de commencer mon plaidoyer sur les véritables principes qui militent en faveur des pics, je dois répondre à un reproche sérieux que mon honorable ami m'adresse, sous l'apparence d'un conseil. Je déclare en toute simplicité que j'accepterai toujours avec empressement et avec reconnaissance les conseils qui sont inspirés par l'amitié et dictés par l'expérience. Mais dans cette circonstance M. de Baracé reconnaîtra que je puis dire : « *Sed nunc non erat his locus,* ce n'était pas le lieu. » (Horace, *Art poëtique*, V. 19.)

Le Mémoire de mon honorable ami n'étant pas encore imprimé, je transcris ici, comme je continuerai à le faire dans le cours de cette réponse, les expressions textuelles de son manuscrit : « Ce n'est pas « dans le silence du cabinet avec des livres de tout âge, que l'on fait « des études sur la nature ; c'est en plein soleil, au milieu des champs, « dans la vie active des bonnes années que l'on trouvera quelque « chose, et trop souvent encore, on aura pris bien des soins sans « avoir avancé. »

Tel est le reproche qui m'est adressé sous la forme bénigne d'un conseil. Voici ma réponse. Je crois qu'il faut, quand il s'agit d'une étude sur l'histoire naturelle, unir la lecture des ouvrages de tous âges, à l'examen, en plein soleil, de la question sur laquelle on désire porter un jugement. C'est pour cela qu'après avoir étudié avec attention les mœurs des pics, dans un certain nombre d'ouvrages rédigés d'après les observations faites à différentes époques, en Europe, en Afrique et en Amérique, j'ai cru devoir consulter beaucoup de propriétaires et de naturalistes, et demander leur avis sur les ravages attribués à mes clients. La grande majorité des personnes que j'ai interrogées m'ont répondu qu'elles regardaient les pics-verts comme des oiseaux beaucoup plus utiles que nuisibles. Je pourrais invoquer ici le témoignage de l'un de nos honorables collègues, M. Aimé d'Andigné, qui, par ses fonctions de lieutenant de louveterie, se trouve en rapport avec un grand nombre de personnes possédant des forêts. Il m'a dit à différentes fois que, d'après une conviction profonde reposant sur de longues années d'expérience, il avait défendu à ses gardes de tuer les pics, parce qu'il les regardait comme des oiseaux rendant aux bois des services sérieux. De plus, le garde général de la forêt de Baugé a répondu à M. Aimé d'Andigné qui l'avait consulté, selon le désir que je lui en avais exprimé, qu'il protégeait les pics dans l'intérêt de la forêt confiée à ses soins.

Le vénérable doyen des études d'histoire naturelle, en Anjou, M. Millet de la Turtaudière, partage cette opinion, ainsi que le rédacteur de la *Revue zoologique* de Paris et tous ceux qui unissent une observation sérieuse à des études préparatoires.

J'ai parcouru ensuite moi-même un grand nombre de localités, interrogeant et les gardes et les cultivateurs, et ceux qui avaient étudié les mœurs des pics dans les livres, et ceux qui ne les connaissaient que d'après leurs propres observations : presque tous sont venus déposer en faveur de mes clients.

Là ne s'est point arrêté le soin que j'ai mis à étudier avec impartialité la question que je traite. J'ai craint de m'être fait illusion. Aussi, après avoir entendu les témoins à décharge, ai-je voulu entendre les témoins à charge. J'ai donc accepté, bien des fois, l'aimable hospitalité que m'offrait M. de Baracé, dans son domaine de Valoncourt. Avec lui, j'ai parcouru, le matin, le soir et même en plein soleil, le théâtre des ravages exercés par les pics ; j'ai entendu mon honorable ami raconter les récits dramatiques des méfaits qu'il impute à mes clients ; j'ai recueilli les copeaux dont leur bec tranchant avait parsemé la terre ; j'ai examiné les plaies béantes qu'ils avaient ouvertes aux troncs des arbres ; j'ai introduit mon bras dans la profondeur des excavations qu'ils avaient creusées ; j'ai calculé les dimensions de ces trous. Pouvais-je faire davantage ? J'ai donc le droit de répéter : *Sed nunc non erat his locus.* Le conseil donné par mon ami est excellent, mais dans la circonstance présente il n'est pas à sa place.

Je commence maintenant mon plaidoyer proprement dit ; je le partage en deux parties : *Nourriture des pics* et *Nidification des pics.*

Quant à la première partie, j'espère prouver, et d'une manière surabondante, que mon client rend d'immenses services, sans causer le moindre tort ; en ce qui concerne la seconde, je démontrerai rigoureusement que les griefs que l'on reproche à mon client sont très-exagérés par l'accusateur, et qu'ils ne peuvent s'appuyer que sur de rares exceptions. Si j'atteins ce double but, j'aurai bien certainement gagné ma cause, aux yeux de tout le monde et même à ceux de M. de Baracé, car il a dit : « Montrez-moi le bien et je me tairai sur le mal. »

Je ne parlerai que du pic-vert, par la raison que c'est le plus coupable des Grimpeurs de notre pays et qu'il est le seul en cause. S'il est acquitté, les autres membres de la même famille, qui sont beaucoup plus innocents que lui, le seront à plus forte raison. Je crois aussi devoir, comme dans les procès criminels, faire le portrait de l'accusé, afin que les plus petits détails de sa vie intime ne puissent échapper à ses juges.

La taille du pic-vert varie de 30 à 32 centimètres. Dieu lui a donné deux doigts en avant et deux en arrière, armés d'ongles très-forts et arqués, des pieds courts et musculaires, un bec carré à sa base, cannelé dans sa longueur, aplati à la pointe. Ce bec repose sur un cou raccourci, pourvu de muscles vigoureux et soutenant un crâne fortement constitué. Sa langue est effilée, arrondie, terminée par une pointe osseuse et par quelques petits crochets; elle sert à percer les insectes et à les retirer ensuite. Sa longueur varie de 20 à 22 c. (de 7 à 8 pouces). Deux glandes y déversent une espèce de liqueur sur laquelle les fourmis et les petits insectes viennent se coller. Enfin sa queue est formée de dix pennes tronquées, raides, d'inégale longueur, composant une espèce de *miséricorde* sur laquelle se repose le pic-vert en gravissant les arbres, en perçant et fouillant les écorces. Cette queue, par sa forme, sert aussi de contrepoids à la tête de l'oiseau quand celle-ci est mise en mouvement, par des coups saccadés et violents destinés à perforer les arbres. Tel est en abrégé le signalement de l'accusé.

PREMIÈRE PARTIE.

NOURRITURE DU PIC-VERT.

Le pic-vert est insectivore ; il se nourrit donc d'insectes et de larves d'insectes ; il est facile d'en conclure déjà que, s'il vit d'insectes et de larves d'insectes qui deviendraient nuisibles par leur trop grande multiplication, il rend un véritable service. Je prends dans le dossier de mon adversaire, ce que je me permettrai de temps à autre, un argument en faveur de mon client, et qui se retourne, avec une logique inexorable, contre mon contradicteur. Je copie le passage de son Mémoire ainsi conçu : « C'est avec des fourmis qui se mul-

« tiplient comme une peste dans les plaines et dans les champs que « les pics élèvent leurs petits. » Ainsi, d'après M. de Baracé, les fourmis sont une véritable peste, cette peste se multiplie dans les plaines, dans les champs, et les pics la font disparaître *quelquefois*. Ce service me semble déjà avoir une certaine valeur, mais pour en atténuer l'importance, l'auteur du Mémoire ajoute : « Le pic mange « des fourmis, les autres oiseaux aussi, je le suppose, » puis il dit que : « Le service rendu par le pic est moins sérieux que celui des autres « oiseaux, parce que les pics sont moins nombreux. » Ainsi la destruction des fourmis par les pics ne peut être regardée comme un service, parce que d'autres oiseaux mangent ces insectes nuisibles, ce qui revient à dire que les services rendus par un autre homme annihilent ceux que je puis rendre. Assertion opposée essentiellement à la logique humaine et à la justice de Dieu qui laisse à chaque être le mérite de ses actions. Puis, de ce que les pics rendent moins de services, parce que ces oiseaux sont moins nombreux que les Grimpeurs, les Sitelles, etc., M. de Baracé en tire, comme conséquence, l'extermination des pics. Il me semble que ce n'est ni le moyen de faciliter la propagation de l'espèce, ni celui de multiplier leurs services. Sans entamer ici une discussion sur un sujet accessoire, je crois que M. de Baracé aurait peine à prouver qu'une seule espèce d'oiseaux de nos contrées détruit plus de fourmis que ne le font les pics, *pendant la nidification*. Dans sa nomenclature, mon honorable ami a oublié de citer les perdrix. Il me paraît bien évident que, si l'on fait un faisceau de toutes les espèces d'oiseaux qui se nourrissent de fourmis pour l'opposer au pic-vert, il ne restera plus à mon client qu'à répéter avec un illustre Romain : « Que voulez-vous que je fasse contre trois, quatre, etc. ? Mourir. »

Mais afin qu'on puisse apprécier l'étendue du service rendu par les pics en détruisant les fourmis, je donne ici quelques détails sur les moyens que mes clients emploient pour combattre cette peste qui se multiplie si facilement. Quand, dans son vol, un pic aperçoit une fourmilière, il se laisse tomber à terre, s'appuie sur sa queue, comme sur un siége solide, darde sa langue longue et visqueuse dans le domaine des fourmis, puis la retire à mesure que celles-ci se sont collées sur toute la longueur de sa langue. Lorsqu'il a répété cette manœuvre un grand nombre de fois, et qu'il ne capture plus que de rares insectes, il attaque la république à grands coups de bec, renverse tout l'édifice, dévore les œufs, et achève ainsi en peu de temps un coup d'État véritable et complet. Le pic modifie encore sa tactique, et, quand il rencontre de longues files de fourmis suivant toutes le même sentier pour s'éloigner et se rapprocher tour à tour du centre de la république où elles travaillent à entasser des provisions pour l'hiver, mon client se couche au milieu du chemin parcouru par les fourmis, et, ouvrant complétement ses ailes, il feint d'être mort. La langue tirée dans toute sa longueur, le pic-vert s'efforce à garder une immobilité persévérante. Bientôt des légions de fourmis se réunissent, viennent se coller sur la langue du pic qu'elles se disposent à dépecer et à enterrer, et c'est ainsi qu'elles deviennent victimes du stratagème que leur ennemi renouvelle jusqu'à ce que sa faim soit satisfaite ainsi que celle de ses petits, car il leur porte le produit de sa chasse pour revenir ensuite prendre la position qu'il occupait.

A terre, le pic ne mange pas uniquement des fourmis, mais il dévore encore une grande quantité d'insectes et de vers qui pullulent sous les racines des herbes, des arbustes et des jeunes arbres fruitiers. De la chambre que j'occupe en ce moment à la Cailletrie, agréable domaine où les pics sont sous la sauvegarde d'un propriétaire naturaliste et agriculteur très-distingué, je vois mes clients prendre leurs ébats dans le jardin et dans le magnifique verger qui se déroulent devant ma croisée. La pluie tombe par torrents depuis plusieurs jours, les maîtres s'occupent dans leurs appartements, les serviteurs travaillent sous des hangars, les animaux se reposent dans leurs étables ; un seul serviteur, dévoué aux intérêts de l'agriculture, se livre aux élans de son zèle infatigable. Ce serviteur, c'est mon client : je le contemple visitant tous les petits arbres fruitiers qu'il ne peut soumettre à ses investigations quand domestiques et enfants circulent dans le jardin, puis tour à tour se laissant tomber à terre à quelques décimètres du pied des arbres, et se servant de son bec comme d'une massue pour frapper à coups redoublés la terre avec une énergie persévérante. Je le vois ensuite, le regard fixé sur le sol, attendre quelque temps et saisir les vers et les insectes que les ébranlements qu'il a communiqués à la terre détrempée, ont fait sortir de leurs retraites. Et sans le considérer en plein soleil, je l'étudie pendant des heures entières. Des geais viennent pour profiter du travail de mes clients et partager la *bombance*, mais leur persévérance n'est pas grande et encore moins leur patience, aussi s'envolent-ils bientôt pour chercher ailleurs une proie plus abondante. Seul, le pic, personnification d'un labeur pénible et constant, n'abandonne pas sa tâche qui, cependant, ne sera payée de la part de quelques propriétaires que par une injuste persécution et par une aveugle ingratitude.

Comme conclusion de l'exposé que je viens de faire, je me bornerai à demander à mon honorable ami, s'il juge le travail des pics, en cette circonstance, utile à l'agriculture. Enfin, mon client aurait-il pu s'y livrer s'il eût été éloigné, comme à Valoncourt, par le plomb meurtrier du propriétaire ?

Donc il est bien constaté que le pic-vert rend un premier service en mangeant un grand nombre de fourmis, de vers et d'insectes.

Je passe à un deuxième service.

Dans tous les temps et surtout à notre époque, tous les agriculteurs et les horticulteurs attachent une très-grande importance à délivrer l'écorce des arbres fruitiers, ou celle des arbres d'agrément, des mousses qui y adhèrent et des insectes qui se cachent dans les replis des mousses et dans les déchirures de l'écorce. Pour ces agriculteurs, l'écorce joue, dans les plantes, le même rôle que la peau chez l'homme ; la propreté de l'une, comme celle de l'autre, importe beaucoup à la vigueur et à la santé des sujets C'est afin de purifier les écorces des arbres que les horticulteurs ont recours au *chaulage*. Avec le secours d'une pompe, ils font tomber une pluie d'eau saturée de chaux qui couvre l'écorce des arbres, pénètre dans toutes les fissures, fait périr les mousses et détruit les insectes qui s'y étaient réfugiés. Quand cette première opération est terminée, on promène sur le tronc et sur toutes les branches de l'arbre une brosse étroite et très-longue, et l'on détache ainsi de l'écorce tout ce qui pourrait la souiller. Puis, afin de n'être pas obligé de renouveler souvent cette opération, on ferme avec des mastics les fentes qui servaient de retraite aux insectes nuisibles. Malheureusement les horticulteurs ne peuvent pas fouiller toutes les écorces soulevées, et, très-souvent, des ennemis dangereux y restent en sûreté pour recommencer bientôt leurs ravages. Si l'investigation est poussée dans ses dernières limites, et qu'on veuille ne laisser aucun insecte, l'écorce se détache, et la sève de l'arbre se trouve exposée à une influence trop vive de l'air et de la chaleur. Dans les grandes villes, l'administration municipale fait aussi brosser, laver l'écorce des arbres des boulevards et des jardins publics. Le chaulage, sous une forme ou sous une autre, est très-utile à la santé, à la vigueur des arbres; si je prouve que les pics exécutent en grand cette opération, j'aurai inscrit en faveur de mes clients un deuxième service sérieux et incontestable.

Les pics visitent les arbres de bas en haut, fouillent toutes les fentes, toutes les fissures, purifient toutes les écorces, même celles qui sont soulevées, sans les détacher et sans causer le moindre dégât. Au moyen de leur langue qui s'allonge selon les circonstances, mes clients percent toutes les larves, tous les insectes qui se sont réfugiés dans les différentes anfractuosités de l'écorce des arbres. Toutes les mousses sont visitées avec un soin scrupuleux, et pour qu'aucun insecte, aucune larve ne puisse échapper à leurs investigations, les pics détachent, avec leur bec puissant, les mousses les plus tenaces, examinent dans les plus petits détails l'endroit sur lequel s'appuyaient leurs racines. Puis afin que les insectes ennemis qui se seraient soustraits à la mort, ne puissent remonter de nouveau et se cacher le long de l'arbre, mes clients se laissent tomber à terre, et tournent et retournent dans tous les sens les mousses qu'ils avaient détachées dans leurs minutieuses investigations. Tous les insectes qui se trouvent entre l'écorce et l'aubier sont immolés ou par la terrible langue osseuse terminée par des crochets, ou par le bec tranchant du pic qui atteint directement les insectes et les larves et prépare un passage à la langue des infortunés que je défends.

Ainsi donc, il est constaté que l'opération faite par l'homme, à grands frais et avec tant de peine, dans l'intérêt de quelques arbres, est accomplie par le pic-vert sur une plus grande échelle, pour l'avantage des agriculteurs et d'une manière bien plus simple et beaucoup plus complète. Si les arbres de nos promenades publiques étaient visités par mes clients, ils seraient plus vigoureux et surtout moins rongés par des myriades d'insectes qui se réfugient sous les mousses et sous les écorces. Il me semble qu'il sera difficile de ne pas reconnaître comme réel ce deuxième service rendu par les pics-verts.

Ce service, M. de Baracé vient le constater et fortifier mon assertion par ce passage de son Mémoire ; c'est une nouvelle flèche qui se retourne contre celui qui l'a lancée. Voici cet extrait : « Quand un « arbre est abattu et qu'il reste en *grume* plus d'une année, que se « passe-t-il ? La vie s'arrête, l'écorce se soulève et se fend par l'ac- « tion du soleil et des eaux, cette combinaison favorise la naissance « de nombreuses vrillettes, forficules et termites, c'est un cours com- « plet d'entomologie vivante ; il y aurait bombance pour un pic ! En « voit-on beaucoup en profiter ? Je ne puis l'affirmer ; cette proie « *facile* devient la ressource d'un merle, d'un vertueux rouge-gorge « ou d'un troglodyte familier. »

Il est évident que M. de Baracé veut faire à mon client un reproche de ne pas partager le travail *facile* du vertueux rouge-gorge et du troglodyte familier ; travail qui a pour but de préserver les arbres des ravages que peuvent exercer sur eux une multitude d'insectes rongeurs. Si les oiseaux désignés par mon honorable ami rendent, d'après son opinion, un service réel aux propriétaires, en préservant, par un travail facile, les arbres morts de l'attaque des insectes nuisibles, je crois que les pics qui, par un travail très-pénible, veillent à la conservation et à la santé des arbres, rendent un service bien plus signalé que celui que l'on attribue au vertueux rouge-gorge. M. de Baracé demande pourquoi le pic ne vient pas s'unir au grimpereau familier, etc. La raison en est très-simple. C'est que mon client reste fidèlement dans la mission qui lui a été confiée, celle de préserver de la mort les arbres qu'il visite. Quand l'arbre est abattu, la mission du pic cesse tout naturellement. De plus, quand l'arbre est abattu, *il n'est plus debout*; or, comme le pic est grimpeur et seulement grimpeur, il ne peut visiter les différentes parties de l'arbre, car pour atteindre ce but, il faudrait évidemment que mon client pût marcher. Pousser la question plus loin, ce serait demander pourquoi Dieu n'a pas créé le pic *grimpeur* et *marcheur*, et vouloir rectifier ainsi les lois établies par la sagesse divine qui ne permettent au pic que de se *mouvoir* de *bas* en *haut* et en décrivant des *spirales*.

Pour fortifier mes assertions sur le deuxième service rendu par les pics, j'aurais pu citer de nombreux passages de traités ornithologiques. J'ai pensé que ce serait donner à mon plaidoyer des développements inutiles, puisque les amis et les ennemis des pics sont tous d'accord sur cette question.

Je passe donc au troisième point de la première partie. C'est sur ce terrain que doit avoir lieu le principal choc entre la défense et l'accusation. J'ai dit et je maintiens encore plus que jamais, que les arbres ont, dans un grand nombre d'insectes, des ennemis redoutables, que les larves de ces insectes perforent les arbustes et les arbres sains, qu'ils les font périr par milliers; j'ai ajouté que les pics poursuivent ces larves dans leurs retraites ténébreuses, les arrêtent dans leur œuvre de destruction en les atteignant dans leurs galeries et en les perçant avec leur langue osseuse. Telle est mon assertion. Voici celle de M. de Baracé :

« Où naît cette larve essentiellement dangereuse, le *Cerambix*
« *heros* ou celle encore du *Prionus coriarius*, de la famille des Lon-
« gicornes ? Toutes les deux naissent en terre, le plus souvent même
« sous les racines d'un arbre usé par le temps. Leur éducation se
« fait en plusieurs périodes. Quand la nature se réveille, elles se
« font pour vivre, avec leur appareil rongeur, dans cette partie du
« bois que l'on nomme *aubier*, à quelques pouces de la surface, un
« chemin intérieur qui monte et descend dans tous les sens, gros-
« sissant ainsi jusqu'à prendre la proportion du petit doigt, pour
« se chrysalider plus tard dans le détritus qu'elles ont occcasionné.
« Ce serait une bien rare exception de voir aucune de ces larves

« dans le cœur d'un arbre sain. Ces larves ne peuvent se mouvoir « sans appui, leur structure s'y oppose. Leur vie se passe dans « l'ombre. Où le pic ira-t-il les chercher? »

Tel est le passage du Mémoire de M. de Baracé ; ici, je le déclare sincèrement, la position faite à la défense est trop belle pour que je ne sois pas généreux. Il est évident que mon honorable ami confond les endroits où les œufs des insectes sont déposés, avec ceux dans lesquels vivent et se développent les larves ; si son assertion était vraie, il s'ensuivrait qu'on appellerait *gros vers de bois* les larves qui n'attaquent pas le bois. Je me bornerai donc à prouver qu'il existe des insectes nuisibles aux arbres, que les larves de ces insectes perforent les arbres sains, par milliers et même par centaines de mille, enfin que les pics combattent les ravages exercés par ces insectes en détruisant leurs larves.

Afin de ne pas dépasser les limites que je me suis imposées, j'engagerai mon honorable ami à parcourir l'ouvrage si intéressant de M. Henri de la Blanchère ; il verra dans le travail de ce savant qu'il existe des milliers d'insectes ennemis des forêts, et que l'on peut les partager en trois classes, ceux qui dévorent les feuilles des arbres, ceux qui attaquent les racines et ceux qui perforent le tronc. Ces insectes se multiplient par centaines de millions, et souvent après avoir détruit des forêts entières, ils sont emportés par les vents, et alors les *bostriches* sont lancés comme des nuées de sauterelles sur d'autres forêts où ils exercent de nouveaux ravages. Mais sans quitter le véritable terrain de la discussion, notre bel Anjou, M. de Baracé doit se rappeler que notre savant horticulteur, M. André Leroy, perdit, il y a quelques années, dans l'espace de moins de deux mois, plusieurs milliers de conifères. Ces arbres furent visités par un insecte (*Trachea piniperda*) qui, à quelques décimètres au-dessus du sol, perforait l'arbre jusqu'à la moëlle, et s'élevait ensuite perpendiculairement dans l'intérieur pour s'échapper par l'extrémité de la tige, comme le ramoneur qui sort de la cheminée après l'avoir labourée dans tous les sens.

Je laisse de côté ces détails pour revenir aux insectes qui exercent *ordinairement* en Anjou des ravages plus considérables et plus permanents. M. de Baracé glisse très-légèrement sur le *Ceramhix heros* et le *Prionus coriarius*, et encore plus sur les dommages que cause le Lucane cerf-volant (*Lucanus cervus*). De plus, d'après le texte du Mémoire, on serait porté à croire que ces quelques insectes sont les seuls à exercer en Anjou des ravages sur les bois. Je ne conçois pas que l'auteur ait oublié la famille si nombreuse des Lignivores (*Lignum*, bois et *vorare*, dévorer) ou des *Xylophages* (de XYLON, bois et PHAGÔ, manger) dont les noms me semblent assez significatifs. Aux assertions de mon contradicteur, j'oppose le témoignage d'auteurs graves et instruits.

Je commence par celui d'un homme dont personne ne peut nier l'autorité en fait d'observations accomplies et poursuivies avec persévérance en Afrique et en Europe. Certes M. Toussenel n'a pas étudié l'histoire naturelle que dans les livres, il l'a étudiée sous beaucoup de climats, en s'appuyant sur des recherches incessantes. Voici l'opinion de cet observateur intelligent : « Ces ignobles scarabées armés de cornes perçantes que les enfants appellent des « cerfs-volants ou des rhinocéros, s'introduisent dans le *cœur* des « peupliers de Virginie, des ormes et des chênes pour y creuser « d'immondes et fétides pustules par où s'échappe bientôt en flots « de pourriture la vie de l'arbre attaqué. » (Ornithologie passionnelle, vol. III, p. 76.) « J'ai vu dans Saône-et-Loire une magnifique « plantation d'une valeur de plus de cent mille francs périr en quel- « ques jours sous la tarière empestée du capricorne. » (Même volume, p. 10.)

A M. Toussenel succède M. d'Orbigny : « Les femelles des capri- « cornes déposent leurs œufs *dans les arbres* au moyen d'un ovi- « ducte en forme de tarière caché dans leur abdomen. Cet oviducte, « composé de deux ou trois pièces rentrant les unes dans les autres, « est susceptible d'une certaine extension. Les larves vivent sous les « écorces quand elles sont jeunes, mais elles *perforent le tronc* en « grandissant. » (*Dictionnaire d'hist. nat.*, t. III, p. 138.)

L'Encyclopédie d'histoire naturelle, publiée sous la direction de M. Dupiney de Vorepierre, dit à l'article Longicornes : « Dans leurs

« premiers états, les longicornes vivent dans le *tronc* et dans les « *branches* des arbres. Les larves représentent toujours de gros vers « allongés, blanchâtres ou jaunâtres ayant une tête cornée et des « mandibules très-robustes. Elles font beaucoup de tort aux arbres, « surtout les grandes, en les *perçant profondément* et en les cri- « blant de trous. Quelques-unes rongent les racines des arbres. » Il me semble que le *Cerambix heros* et le *Prionus coriarius* appartiennent à la famille des Longicornes, et que l'on doit leur attribuer les ravages indiqués dans la citation précédente.

Dans les Trois règnes de la Nature, publiés sous la direction du docteur Chenu, je lis ce passage : « Le Lucane cerf-volant, *Lucanus* « *cervus*, ne vit à l'état de larve que *dans les arbres*, surtout dans « les chênes âgés; il y demeure pendant *quatre ou cinq années*, ron- « geant et perçant le bois dans tous les sens, et y creusant des ga- « leries de la grosseur du doigt. Ces mœurs sont encore celles d'un « autre insecte presque aussi gros que le Lucane. On le nomme « *Cerambix heros*. La larve de cet insecte est connue sous le nom « de gros ver du bois; elle est d'une dimension aussi considérable « que celle que nous venons de décrire et fait les mêmes ravages. « Ces deux larves ne s'attaquent qu'aux *chênes parvenus à toute* « *leur croissance*, c'est-à-dire au moment où ils ont la plus grande « valeur, font un tort considérable en rendant impropre à tout ser- « vice la partie la plus belle où elles établissent leur demeure. » (Vol. II, p. 220.)

J'ajoute aux ravages exercés par les larves des insectes que je viens d'indiquer, ceux occasionnés par un simple lépidoptère : son nom est assez significatif, il s'appelle *Cossus ligniperda, Cosse gâte-bois*. « Sa longueur est de 40 millimètres, sa chenille longue de 31 mil- « limètres est luisante, rougeâtre et exhale une odeur désagréable ; « elle se tient à la base des arbres, surtout du chêne, de l'orme, du « saule, du peuplier, en ronge l'aubier et parvient à faire mourir l'ar- « bre entier. Elle pénètre aussi jusqu'au *cœur* des bois en faisant des « trous tortueux assez grands pour y introduire le petit doigt. » (*Dictionnaire* de Bouillet.)

Afin de mieux apprécier les ravages exercés par cette chenille, j'ai mesuré les dimensions de la chrysalide qui est conservée dans la collection du Cabinet d'histoire naturelle, et, quoiqu'elle soit desséchée entièrement, sa longueur est encore de 4 centimètres et son diamètre de 15 millimètres. Il est facile de comprendre qu'une chrysalide égalant le diamètre du petit doigt et les deux tiers de sa longueur, a nécessité de la part de la chenille qui préparait une galerie suffisante pour la recevoir, de terribles ravages, surtout lorsque cette galerie a été conduite en ondulant dans l'intérieur même des branches ou du tronc des arbres.

Je termine cette nomenclature que je pourrais continuer encore beaucoup par le zeuzère du marronnier (*Zeuzera æsculi*). La larve de ce papillon vit aussi aux dépens des arbres. Dans le verger de M. de Joannis où je rédige ces notes, se trouvaient deux pommiers *en plein rapport*. Des larves du zeuzère du marronnier ont creusé leurs galeries dans l'intérieur de ces pommiers, et bientôt la vie de ces arbres s'en est allée avec des flots de pourriture. Ces chemins ténébreux avaient de 30 à 40 c. de longueur. M. l'abbé de Joannis m'a assuré avoir trouvé dans un saule pleureur une galerie creusée par une larve du même lépidoptère, et qui avait près d'un mètre 30 centimètres de longueur.

Voici enfin l'opinion de M. Mulsant, président de la Société Linnéenne de Lyon : « Dès leur sortie de l'œuf, les jeunes larves abri« tées sous les écorces, cachées dans la moelle ou dans la couche li« gneuse où plusieurs ne tardent pas à s'enfoncer, sembleraient sous « des voiles si épais pouvoir se livrer sans crainte à leur nuisible « industrie, mais la Providence n'a pas abandonné sans défense nos « forêts, nos vergers et nos haies, elle a confié à d'autres êtres le « soin de limiter les dégâts de ces *races lignivores* en refrénant leur « trop grande multiplication. Voyez les différentes espèces d'oiseaux « grimpeurs visiter nos chênes décrépits, nos sapins vieillis ou « frappés de la foudre, pour les délivrer de ces hôtes parasites ; en« tendez-vous les pics faire résonner sous leurs coups de bec les « arbres de nos bois et annoncer par un cri de joie la rencontre heu« reuse de cette proie succulente? » (*Hist. des coléoptères de France*, vol. des Longicornes, p. 13.)

Tels sont les renseignements que je puise aux sources d'une véritable érudition en entomologie.

Je dois dire maintenant comment les larves exécutent leurs travaux de destruction. Un grand nombre d'insectes, soit coléoptères, soit lépidoptères, pondent leurs œufs sur la racine ou sur le tronc des arbres. C'est principalement dans des sinuosités recouvertes d'une mousse qui leur sert de retraite et qui dissimule leur présence aux yeux de leurs ennemis, que les œufs éclosent et donnent naissance aux larves. Quand celles-ci se développent, elles vivent aux dépens de l'aubier; mais plus tard, par un instinct de conservation, elles pénètrent dans le bois où elles trouvent une nourriture plus abondante et un abri plus sûr. Les larves creusent régulièrement leurs galeries en montant et en se dirigeant en divers sens. Quand elles sont près de se chrysalider, elles se rapprochent de l'écorce, de manière à ne laisser à l'insecte parfait qu'une très-mince cloison à briser.

Ici M. de Baracé m'oppose son assertion précédemment transcrite, dans laquelle il prétend que « ces larves ne peuvent se mouvoir sans « appui, leur structure s'y oppose. » Mon honorable ami avait oublié que quelques lignes plus haut il avait dit que « ces larves « creusaient un chemin intérieur qui monte et qui descend. » Il me semble très-difficile de creuser, sans changer de place, un chemin qui monte et qui descend. C'est une nouvelle erreur et une nouvelle contradiction. Ce qui prouve d'une manière bien évidente que les larves creusent leurs galeries en montant, c'est que l'ouverture de ces galeries qui se trouve la plus près de terre est beaucoup moins large que celle de l'autre extrémité. La raison de cette différence est très-simple. La larve se développant à mesure qu'elle vit, il s'ensuit que le passage qui lui devient nécessaire doit successivement être plus large. Voici sur cette question l'article du *Dictionnaire d'histoire naturelle* (vol. VI, p. 509) : « Les larves des capricornes ont « sur le dos des espèces de mamelons qni servent à l'insecte de point « d'appui pour grimper à la manière des ramoneurs dans de longues « galeries qu'elles se pratiquent souvent dans l'épaisseur du bois. »

Il me paraît donc démontré, contrairement aux assertions de

M. de Baracé, qu'il existe des insectes, des larves nombreuses qui non-seulement attaquent l'écorce et l'aubier des arbres, mais qui perforent les arbres eux-mêmes, que ces larves font périr une grande quantité d'arbres sains et vigoureux, qu'elles constituent un véritable fléau pour les propriétaires, toutes les fois qu'elles dépassent par leur multiplication certaines limites. Pour comprendre mieux encore les ravages que peuvent occasionner des larves aussi grosses que celles du Lucane cerf-volant, il est bon de se rappeler qu'avant de se chrysalider, ces larves sillonnent l'intérieur des arbres pendant quatre ou cinq années, comme l'affirment tous les traités d'entomologie.

Il me reste maintenant à chercher quel sera l'ami des agriculteurs qui viendra défendre leurs arbres et leurs forêts contre ces adversaires redoutables dont *la vie s'écoule dans l'ombre*. Quel sera celui qui les poursuivra dans leurs galeries en zig-zag et les atteindra pour les immoler dans l'intérêt des propriétaires? Sera-ce le vertueux rouge-gorge? le grimpereau familier? la sitelle torchepot? Pour une pareille lutte, ces oiseaux sont impuissants. Il faut pour triompher de tels ennemis, un soldat vigoureux, armé de pied en cap, sachant se servir tour à tour du marteau, du ciseau et de la lance. Ce guerrier, cet ami de l'agriculture, c'est mon cher client. Dans ses investigations continuelles, il fouille toutes les mousses, toutes les fissures, toutes les écorces, les perce au besoin pour saisir et tuer les insectes et les larves. Ces services ont été prouvés précédemment et sont admis même par les adversaires des pics. De plus, le pic, dans ses courses, frappe à coups redoublés le tronc et les branches des arbres, puis il s'arrête et écoute avec attention; s'il entend le bruit souterrain de la larve qui ronge le bois, ou si le son de l'arbre sous la puissance du bec qui remplit l'office de marteau, indique un ennemi intérieur et une cavité, mon client se met immédiatement à l'œuvre, et bientôt une porte est ouverte ; il y introduit sa langue, et l'ennemi est percé et retiré pour devenir la proie du pic.

Mon contradicteur me dit : « Mais il est ridicule que le pic « se livre à un pareil travail pour un si mince salaire. » D'abord,

M. de Baracé a oublié qu'il a affirmé que « perforer les arbres « les plus durs et les plus sains était un jeu pour mes clients. » Si son accusation est fondée, les pics peuvent donc sans s'exposer à un pénible labeur, percer les arbres rongés intérieurement. Puis je ne pense pas que la capture d'une larve du capricorne, grosse comme le doigt, soit un mets à dédaigner pour un pic, ou qu'elle soit un si petit salaire d'un travail facile. Si l'opinion de M. de Baracé était vraie, si le pic perforait les arbres moins pour trouver une proie que pour causer de graves dommages, le travail de mon client serait-il mieux récompensé ? son salaire serait-il plus convenable ? Quand un travail doit être *uniquement* récompensé par un salaire, je crois qu'il est préférable d'en recevoir un petit, quelque minime qu'il soit, à n'en recevoir aucun. A l'appui de mon opinion, je cite un passage de M. d'Orbigny : « Au moyen de leur bec qui « leur sert de coin, les pics frappent à coups redoublés la portion « de l'écorce qui recèle l'insecte, l'entament et finissent par s'em- « parer de celui-ci. D'autres fois ils sondent à coups de bec, le tronc « d'un arbre pour voir s'il n'existe pas quelque creux qui puisse « leur cacher quelque moyen de subsistance ; s'il est une retraite « que leur langue ne puisse atteindre, leur bec fonctionne et bientôt « la brèche faite est assez grande pour que rien ne puisse échapper « à l'exploration de cette langue admirablement organisée à cette « fin. » (T. X, p. 139.)

Je passe à d'autres autorités. « Lorsque les pics, dit Mauduyt, ont « frappé dans une partie d'un arbre, ils se portent précipitamment à « la partie opposée pour y saisir les vers, que le bruit et l'ébranle- « ment ont mis en mouvement, qui se présentent à l'entrée des « trous dans lesquels ils vivent et qui cherchent dans cette circonstauce « à en sortir, mais cette manière de chasser ne fournit qu'en partie « à la subsistance des pics et peut-être même à celle des plus petites « espèces ; les larves des grands insectes, retirées plus profondément « à l'*intérieur* des arbres, sont moins sensibles à l'ébranlement que « causent les coups dont leur retraite est frappée, elles ne sortent pas « aisément ; les pics, qui apparemment savent reconnaître les points « qui les récèlent, et qui peut-être en jugent par la trace que le ver

« né à la surface de l'écorce a formée pour pénétrer à l'intérieur, ou « mieux encore, comme l'observe Vieillot (Oiseaux de l'Amérique « septentrionale), par la finesse de leur ouïe qui leur permet d'en- « tendre le bruit que fait la larve, se décident à atteindre jusqu'à « lui en rompant les enveloppes qui les couvrent. C'est alors que ces « oiseaux, à force de coups redoublés, entament la substance du « bois, la brisent, la réduisent en fragments et percent jusqu'à la « retraite du ver, qu'ils ont découvert sous les fibres qui le cachaient ; « ils dardent dans le trou qu'ils ont creusé leur langue acérée, ils « en percent le ver, le retirent et en font leur proie. » (M. O. des Murs, *Encyclopédie d'histoire naturelle*, sous la direction de M. le Dr Chenu, t. I, p. 211.)

« Le pic si décrié par ceux qui ont mal interprété ses manœuvres « et le jugent d'après les préjugés et les fables d'autrefois, préserve « les arbres des forêts ; il ne recherche que ceux attaqués par les « insectes xylophages et dont l'écorce ridée ou soulevée abrite des « larves menaçantes. On sait que cet oiseau met une grande pa- « tience et une grande persistance pour s'emparer de la proie qu'il « convoite et les manœuvres qu'il emploie sont très-intelligentes ; « mais pour les observateurs superficiels elles sont considérées « comme très-nuisibles aux arbres. Que se passe-t-il cependant ? Un « insecte s'est logé dans le tronc d'un arbre, il y a percé un trou « très-petit et d'abord horizontal, puis il a changé de direction et a « creusé une galerie verticale de quelques centimètres de profondeur, « lorsqu'un pic arrivant reconnaît la présence de l'insecte ou de ses « larves. A l'aide du bec, il élargit le trou d'entrée, voit bientôt « l'impossibilité de saisir l'insecte à cause du changement de direc- « tion de la galerie. Il frappe le bois au-dessus du trou, et le son « résultant de ces coups d'exploration lui indique bientôt le point « correspondant du cul-de-sac de cette galerie. Il attaque alors ce « point par le dehors, le perce plus ou moins rapidement, et s'il s'est « trompé il recommence plus haut et plus bas, jusqu'au moment où « le succès couronne ses efforts. Il est évident que dans ce cas le pic « attaque la partie encore saine du bois, mais qu'il ne l'attaque que « parce qu'il y a à prendre un insecte, dont les ravages, au bout d'un

« an, seraient bien plus compromettants pour l'arbre que l'ouverture « faite par l'oiseau. Jamais le pic ne perd son temps à percer le bois « sans motif. Aussi est-il certain que si, plus épargnés, les pics et « les coucous osaient venir visiter ces vieux arbres des promenades « et des boulevards de Paris, on ne serait pas réduit à faire à grands « frais depuis quelques années, *la toilette du condamné* à ces res- « pectables plantations de nos pères. » (*Les trois règnes de la Nature* du Dr Chenu, avec la collaboration de M. O. des Murs, p. 96, année 1864.)

Je continue en ajoutant que le motif par lequel on combat mon opinion et celle des auteurs que je viens de citer, ne peut être sérieux. Si votre assertion était vraie, me dit-on, « vos pics devraient « périr de faim ; travailler tant, si longtemps et trouver si peu ! » Mais s'ils travaillaient tout autant pour s'amuser seulement ou pour nuire, vivraient-ils avec plus d'abondance? Puis, dès lors qu'ils vivent en se livrant à ce travail, il leur procure donc des ressources bien supérieures à celles qui découlent de vos affirmations. Je poursuis mon exposé. Le pic peut se tromper, et si l'Écriture a dit : *Omnis homo mendax*, « tout homme est sujet à l'erreur, » à plus forte raison peut-on ajouter : tout être est exposé à se tromper. Quelquefois le pic ne peut pas déterminer l'endroit précis de la galerie intérieure où se trouve la larve, c'est cette incertitude qui explique les trous superposés que l'on aperçoit à l'extérieur de quelques arbres. D'un autre côté, quand la larve est parvenue à son entier développement et que sous la forme d'un insecte parfait, elle a brisé la mince cloison qui la séparait de l'air dans le sein duquel elle s'élance, il reste une ouverture assez large dans le tronc ou dans les branches de l'arbre. Cette ouverture conduit dans les longs replis des galeries intérieures; par cette porte entrent des myriades d'insectes, et comme le disait M. de Baracé, « il s'y réunit un cours vivant et complet d'entomo- « logie. » Quel est celui qui viendra disperser les membres de cette réunion non autorisée, de ce cours composé de coupables ? Sera-ce quelqu'un des oiseaux que mon honorable ami estime beaucoup, parce qu'ils poursuivent les mêmes insectes, sur le *bois en grume ?* Assurément non. Ce sera donc encore le pic-vert; mais comme ces galeries atteignent 30, 40 et 50 centimètres de parcours, la langue de mon client ne pourrait pas les balayer dans toute leur étendue; les pics perforent donc ces galeries de distance en distance et par ce moyen ils peuvent à des époques très-rapprochées et d'une manière très-sûre, surveiller l'intérieur de ces galeries et les purger de toute espèce d'insectes nuisibles. En un mot, c'est une plaie que le pic n'a pas faite, mais à la propreté de laquelle il veille afin qu'elle ne s'aggrave pas.

Un grand nombre d'œufs étant déposés par les coléoptères ou par les lépidoptères, à une certaine hauteur et surtout à l'endroit où les branches un peu fortes viennent se souder à l'arbre, c'est là encore que mes clients doivent exercer leur mission providentielle, et c'est ainsi que s'expliquent tout naturellement les trous qui se rencontrent à différentes hauteurs le long des troncs ou des branches. C'est aussi ce qui m'engage à croire que certaines pièces de conviction, présentant des traces de trous commencés dans du bois franc, pourraient bien fournir simplement la preuve d'une erreur de mes clients qui, recherchant les galeries des larves, auraient pratiqué des ouvertures ou trop haut ou trop bas, et auraient ensuite abandonné leur opération du moment où elle ne leur procurait pas le résultat cherché. Ce qui confirmerait mon opinion, c'est la multiplicité des trous pratiqués dans cette circonstance. Ce serait encore un remède salutaire, mais non appliqué sur la véritable plaie du malade.

Je crois ne pas devoir laisser sans réponse cette étrange assertion de mon honorable ami : « Si le pic était bon à quelque chose, on en verrait au marché. » Oui, s'il s'agissait de gastronomie! Mais il me semble bien évident que plus un oiseau est utile à la sylviculture et à l'agriculture, moins on doit s'empresser de le tuer et de le vendre au marché ; les propriétaires intelligents ont tout intérêt à ne pas immoler les oiseaux qui leur rendent service. M. de Baracé, qui regarde comme très-utiles les sitelles et les grimpereaux familiers, en voit-il au marché ?

Ici je termine la première partie de mon plaidoyer ; je crois avoir démontré que le pic rend de véritables services à l'agriculture et par sa nourriture et par les moyens qu'il emploie pour se la procurer, et dès lors, je le répète, ma cause me semble déjà gagnée, car M. de Baracé a dit : « Montrez-moi le bien et je me tairai sur le mal. »

DEUXIÈME PARTIE.

DOMICILE ET NIDIFICATION DU PIC-VERT.

Je passe à la deuxième partie de mon plaidoyer : domicile et nidification des pics, dans laquelle je dois prouver que les pics ne causent, pour se loger et pour se reproduire, que des ravages peu considérables, si toutefois des ravages réels existent, enfin que ces ravages sont loin d'égaler les services que rendent mes clients.

Les pics ne sont pas *percheurs*, et par suite, dans leurs courses très-multipliées et très-fatigantes, il leur faut, comme à tous les oiseaux, un moyen de se reposer ; ce moyen ils ne peuvent le trouver que dans une excavation soit naturelle, soit artificielle. Or les excavations naturelles des arbres ne peuvent pas fournir ordinairement aux pics un gîte convenable, parce qu'ils ne seraient préservés ni des ardeurs du soleil, ni des inconvénients de la pluie et du froid, ni des attaques de leurs ennemis. Il leur faut un domicile où ils puissent être facilement en sûreté et dont l'entrée ne soit accessible ni aux rongeurs ni aux oiseaux de proie. La providence de Dieu, qui a distribué à chaque être de la création les moyens nécessaires pour atteindre le but auquel il le destine, a armé les pics de manière à ce qu'ils puissent eux-mêmes se créer cette demeure. Les attaquer sous ce rapport, c'est blâmer, en même temps, et la sagesse divine et la raison d'être des pics ; en un mot, c'est dire ou que Dieu eût mieux fait de ne pas créer les pics ou qu'il eût dû les créer d'une autre manière. Ce serait une leçon à la Garo.

Ici je présente une observation bien naturelle et qui a échappé à la sagacité de mon honorable ami : c'est que ces lieux de repos qui sont les véritables hôtelleries pour les familles des pics, et où tous les membres de cette tribu de proscrits peuvent venir, tour à tour, passer quelques instants du repos ou même du sommeil nécessaire à tous ceux qui se livrent à un labeur pénible et continu, doivent être d'autant plus multipliés que les arbres sont eux-mêmes plus éloignés les uns des autres. Cette observation explique pourquoi les trous de pics sont plus nombreux à Valoncourt et dans les pays qui ressemblent à cette localité, que dans les régions couvertes de forêts. Pour justifier cette assertion, il suffit de dire que les pics vivant comme il a été démontré, d'insectes et de larves qui pullulent sur et sous l'écorce et dans l'intérieur des arbres, il est de toute évidence que plus les arbres seront éloignés les uns des autres, plus ils seront rares, plus les pics seront condamnés à des courses pénibles, pour se procurer une nourriture suffisante à leur vie, et plus dès lors ils auront besoin de repos. Les arbres des forêts, par leur multiplicité et par leur rapprochement les uns des autres, fournissent aux pics une nourriture facile et abondante, et dès lors ces oiseaux peuvent, dans ce cas, sans se livrer à un vol au-dessus de leurs forces, regagner facilement et toujours le même domicile. Ils imitent en cela l'ouvrier dont le chantier n'est pas éloigné de sa demeure, et qui peut chaque jour, et même plusieurs fois par jour, regagner son logis pour y prendre nourriture et repos, sans avoir recours à une table ou à une couche étrangère. Ces détails bien simples et bien vrais justifient les pics d'un méfait que M. de Baracé leur reproche avec beaucoup d'amertume.

De plus, mon honorable ami a contribué et contribue encore, sans le vouloir, à multiplier les prétendus ravages exercés par mes clients. En effet, il me paraît démontré que la structure des pics privés d'un vol soutenu, exige ces lieux de repos. Or, en admettant même que ce domicile choisi et creusé par les pics causât aux arbres un véritable dommage, il serait avantageux de leur en laisser la paisible jouissance. Mais à Valoncourt, il n'en est pas ainsi. Toutes les fois que l'on constate l'existence d'une de ces demeures, le propriétaire en chasse les pics, par toute espèce de moyens. Il arrive tout naturellement que les locataires exilés se réfugient ailleurs, creusent un second asile dont ils seront chassés derechef et dont ils s'éloigneront encore pour perforer de nouvelles demeures. C'est une persécution qui justifie les pics du grief qu'on leur fait, de commencer un certain nombre de trous, sans les achever. Dans les contrées où on laisse les pics accomplir tranquillement leur mission, les dégâts sont beaucoup moins considérables qu'à Valoncourt, car mes clients sont comme les hommes et comme tous les êtres animés, ils ne cherchent une nouvelle demeure, surtout lorsque cette nouvelle demeure doit leur coûter un labeur pénible et rompre leurs habitudes, que quand on les éloigne de celle qu'ils occupaient. De plus, quand on laisse les pics libres de choisir les arbres dans lesquels ils doivent creuser et établir leur domicile, ils perforent, de préférence aux autres, ceux qui leur offrent le moins de difficultés et de travail, et qui sont plus ou moins vermoulus intérieurement. Quand on enlève à mes clients cette liberté, ils se trouvent forcément condamnés à essayer de perforer des arbres sains, mais dans ce cas jamais ils ne compléteront leur travail, ce qui prouve d'une manière évidente que ce labeur est au-dessus de leur force et dès lors contraire à la nature.

Il me semble donc suffisamment démontré que les chambres à coucher creusées par les pics ne sont pas une œuvre de caprice ni de destruction coupable ; c'est le résultat de l'organisation de ces oiseaux et une des conditions de leur existence. Mais avant de traiter la question de savoir si ces lieux de repos causent aux arbres, et par là même aux propriétaires, un véritable préjudice, je dois prouver que ces stations ne sont pas si multipliées que l'affirme mon honorable ami. Dans cette question, je me bornerai à m'appuyer sur son témoignage et à rappeler ses souvenirs. M. de Baracé dit avoir tué, en peu de temps, vingt-sept pics-verts, sur les bords d'un même trou ; il est donc constaté que vingt-sept de mes clients venaient goûter repos et sommeil dans une même hôtellerie, et cela malgré les coups de fusil et les persécutions de tout genre. Si on eût laissé tranquilles ces pauvres proscrits, il est incontestable que le nombre des hôtes se fût encore beaucoup augmenté. Enfin, M. de Baracé a constaté qu'une certaine quantité de pics-verts se trouvaient ensemble dans le même trou. C'est en effet sur cette observation qu'il accusait les pics-verts d'être *bigames,* lorsqu'il m'envoyait, par l'entremise de M. le docteur Farge, un mâle et deux femelles qu'il avait capturés dans le même nid. Plus tard, cependant, mon honorable ami soutiendra que le pic est *solitaire.* Un petit nombre de ces lieux de repos peut donc suffire à tous les pics d'une contrée, et l'expérience de M. de Baracé lui a prouvé que, lorsqu'on laisse les pics en repos, ils ne cherchent pas de nouveaux asiles. Ainsi j'ai vu, dans le cabinet de mon honorable ami, un pic-vert très-remarquable par un plumage d'une couleur différente de celle des autres. Ce pic avait choisi pour sa chambre à coucher, un trou de la façade de l'ancien monastère de Chaloché : ce qui prouve, en passant, que le pic ne se livre pas volontiers à un travail dont il peut se dispenser et qu'il accepte très-facilement un domicile tout préparé, quand il le trouve à sa disposition. Le propriétaire de Chaloché, M. Gaignard de la Renloue, avait défendu à son garde de tuer cet oiseau qu'il regardait comme son locataire ; or, pendant plus de quatorze ans, ce pic est demeuré fidèle à sa demeure, et pendant plus de quatorze ans, il est venu régulièrement se reposer et dormir dans ce refuge. Malheureusement le garde, malgré la défense de son maître, a tué ce membre de la famille de mes clients.

Enfin ces hôtelleries servent aussi de toit conjugal ; les trous des pics sont comme les anciennes tentes des patriarches, et sous leur toit protecteur les familles vivent, se reposent et se multiplient. M. de Baracé convient que dans le trou sur les bords duquel il avait immolé vingt-sept proscrits, plusieurs familles de pics avaient reçu la vie. Les hôtelleries deviennent donc au moment de la nidification des toits conjugaux ; mais comme le nombre de ces hôtelleries n'est pas toujours en rapport avec le nombre des couples, de nouveaux trous deviennent nécessaires. Dans quels arbres ces trous, ainsi que les hôtelleries, seront-ils creusés ? Nous touchons au grief principal. Sur ce point, mon opinion est que les pics attaquent les arbres que déjà ils ont percés dans l'intention de visiter les galeries des larves nuisibles, ou ceux dont ils ont reconnu que l'intérieur était carié. L'on m'objectera que l'apparente vigueur de ces arbres réfute mon sentiment ; je n'en crois rien, et je pourrais dire que ces arbres sont, selon l'expression énergique de nos livres saints, *des sépulcres blanchis*. Leur extérieur est plein de sève, mais l'intérieur renferme des myriades d'insectes qui les rongent. Les pièces qu'on a entassées devant mes yeux ne peuvent me convaincre, car pour que l'argument que l'on appuie sur elles fût concluant, il eût fallu couper ces arbres en entier et démontrer qu'au-dessus et au-dessous des trous perforés par les pics, il n'y avait absolument aucun cancer intérieur. On me répond : J'ai abattu des arbres percés par vos clients, ces arbres étaient effectivement déchirés, rongés intérieurement, mais ce sont les trous pratiqués par les coupables qui ont donné entrée aux ennemis du bois. Cet aveu semble prouver en ma faveur, car il sera difficile d'admettre que des larves ou des insectes rongeurs viennent s'établir dans la demeure des pics, et que ceux-ci les laissent très-tranquillement accomplir leur œuvre de destruction, sans profiter d'une nourriture si facile à se procurer.

Mon opinion étant suffisamment expliquée, je vais maintenant la fortifier par l'autorité de plusieurs savants. Voici un texte de M. d'Orbigny : « Pour se creuser un nid, les pics choisissent un « arbre dont le bois ne soit pas trop dur, ils en sondent le tronc en « donnant par ci par là quelques coups de bec, et lorsque le son qui « résulte de ce choc leur indique un point altéré, ils attaquent vigou-« reusement l'écorce, y font une brèche circulaire et poursuivent « leur travail jusqu'à ce que la partie vive du bois étant enlevée ils « rencontrent le centre vicié. Il arrive quelquefois que la carie de « l'arbre n'est pas assez étendue ou n'est pas assez avancée pour « qu'ils puissent y pratiquer une excavation convenable; dans ce « cas ils recommencent la même opération sur un autre point ou « sur un arbre voisin. Le trou qui a reçu les œufs sert de gîte à la « *famille* pendant la nuit. » (Tome X, p. 139.)

Ce texte se trouve conforme à mon opinion qui est partagée par tous ceux qui joignent l'étude à l'observation. Ainsi M. de Kercado, propriétaire de forêts dans le département de la Gironde, ayant constaté que les pics attaquaient de préférence pour creuser leurs nids, les *cicatrices* et les caries formées par la taille des arbres, conseille « de laisser un moignon de six à huit centimètres, au lieu de « couper les branches à ras de leur naissance, parce que le pic pro- « fitera de ces lésions pour creuser les trous dans lesquels il se « retire et niche. » (Annales de la Société Linnéenne de Bordeaux, tome VI, livraison 4e.)

Certes cette assertion d'un propriétaire, et d'un propriétaire observateur, procurera au moins à mes clients, et très-largement, le bénéfice des circonstances atténuantes, si toutefois ils pouvaient être condamnés. Elle démontre en effet que s'ils sont coupables, c'est malgré eux, puisque toutes les fois qu'on leur offre un moyen de ne pas faire de dégâts, ils en profitent.

Je cite maintenant quelques lignes de M. Michelet : « Dans les « calomnies ineptes dont les oiseaux sont l'objet, nulle ne l'est plus « que de dire, comme on a fait, que le pic qui creuse les arbres, « choisit les arbres sains et durs, ceux qui présentent plus de diffi- « cultés et peuvent augmenter son travail. Le bon sens indique « assez que le pauvre animal, qui vit de vers et d'insectes, cherche « les arbres malades, cariés, qui résistent le moins et qui lui per- « mettent d'ailleurs une proie plus abondante. La guerre obstinée « qu'il fait à ces tribus destructives qui gangrenaient les arbres sains, « c'est un signalé service qu'il nous rend. L'Etat lui devrait sinon « les appointements, du mois le titre honorifique de conservateur des « forêts? Pour tout salaire, d'ignorants administrateurs ont souvent « mis sa tête à prix. » (*L'Oiseau*, édit. in-12, pages 181 et 182.)

Ce texte, d'accord avec le bon sens, est bien opposé à l'opinion de ceux qui prétendent défendre le pic-vert, en disant qu'il est utile aux forêts, parce qu'il fait périr un certain nombre d'arbres, qui par leur trop grande quantité, s'opposeraient au complet développement de ceux qui les entourent. Ce serait en effet un singulier conservateur des forêts que celui qui ferait périr les arbres les plus sains et les plus vigoureux, puisque, d'après le sentiment de M. de Baracé, ce sont les arbres de la plus belle venue que le pic semble prendre plaisir à perforer, et qu'il mérite ainsi , à l'entendre, une épithète très-peu parlementaire, et par laquelle on désigne les plus grands criminels.

J'arrive naturellement à transcrire deux textes du manuscrit de mon honorable ami : « Il me paraît étrange que, depuis tant de « siècles, le béret rouge du pic soit sans motif, sans raison, l'objet « d'une mise à prix de la part de chaque propriétaire, et que l'on « ne fasse encore que s'apercevoir de l'ingratitude de chacun « d'eux. » D'après ces paroles, je me trouve presque représenté comme un homme qui espérerait obtenir un brevet d'invention. Heureusement, il n'en est rien ; je n'y ai jamais pensé ni pour cette question, ni pour toute autre. Puis je n'y aurais aucun droit, même d'après le témoignage de mon honorable ami qui a oublié qu'il m'avait reproché « d'avoir étudié les mœurs des pics dans les livres « de tout âge, et non d'après des observations faites en plein soleil. » Puisqu'il croit que j'ai puisé ma conviction dans les ouvrages écrits dans tous les siècles, la manière d'envisager les pics au point de vue où je me place, n'est donc pas nouvelle. Ce qui est vrai, c'est que, dans tous les temps, les pics ont eu des défenseurs et des adversaires, et que, sur ce sujet comme sur beaucoup d'autres, il y a lutte entre la vérité et l'erreur. Je lis dans M. Michelet ce passage : « Les opinions qu'on a prises de cet être singulier devaient être très- « diverses. On a jugé en bien ou en mal, le pic le grand travailleur, « selon qu'on estimait ou mésestimait le travail, selon qu'on était « soi-même plus ou moins laborieux et qu'on regardait une vie « sédentaire et appliquée comme maudite ou bénie du ciel. » (*L'Oiseau*, page 183). Je laisse à M. Michelet la responsabilité de son jugement. Enfin je transcris le deuxième texte dans lequel M. de Baracé veut m'opposer mon propre témoignage et prouver que, par la légende de la mère Gertrude, insérée dans mon ouvrage sur *Les noms des oiseaux expliqués par leurs mœurs,* je regarde le pic comme un coupable. Je remercie sincèrement mon honorable ami de cette citation, il ne pouvait pas me fournir un argument plus concluant en faveur de mes clients. Voici les expressions du manuscrit : « Mon ami avoue lui-même, malgré sa conviction, que le « pic était autrefois un coupable, expiant ses crimes, et à ce propos, « il nous a laissé cette charmante légende de la mère Gertrude, que « vous connaissez, qui fut bien justement châtiée de son endurcis-

« sement envers les pauvres et condamnée par Notre-Seigneur à « errer toute sa vie, sous un béret semblable à celui du pic. Cette « prédiction est assurément divine, car depuis dix-huit siècles le « pic et la mère Gertrude ont encore le même béret. »

De ce que j'ai reconnu la mère Gertrude comme coupable, mon honorable ami en tire comme conséquence que j'attribue au pic la même culpabilité. En cela il se trompe complétement, car plus la mère Gertrude a été coupable, plus le pic me paraît innocent. En effet, d'après les lois les plus élémentaires de la logique et les principes les plus évidents de la justice, tout être jugé coupable envers les autres, doit pour effacer ses fautes, être condamné à l'expiation, c'est-à-dire à la satisfaction, à la réparation de tous ses méfaits. Or jamais on ne répare ses fautes et ses crimes en en commettant de nouveaux, et l'expiation suffisante ne peut avoir lieu qu'à la condition que le coupable fasse autant de bien qu'il avait causé de mal autrefois. D'où il suit que la mère Gertrude, condamnée par Dieu à réparer toutes ses actions opposées à la charité envers les hommes, ne peut accomplir son expiation qu'à la condition de faire maintenant autant de bien qu'elle avait causé de mal autrefois; et pour prouver à mon honorable ami que la mère Gertrude rend en effet des services, non seulement multipliés, mais encore diversifiés, je transcris ici un passage de Mickiewiez : « Le pic est un oiseau chéri « dans les steppes de Pologne et de Russie. Dans ces plaines peu « boisées, il se dirige toujours vers les arbres ; en le suivant on re- « trouve un ravin pour se cacher, des sources plus tard, enfin on « descend vers le fleuve ; sous la direction de cet oiseau on peut « s'orienter et reconnaître le pays. » (*Les Slaves*, t. I, p. 200.)

Comment ceux qui prétendent défendre le pic-vert, en admettant que cet oiseau est utile parce qu'il perfore et fait périr un certain nombre d'arbres, qui par leur trop grande multiplicité s'opposeraient au véritable développement des autres, comment pourront-ils justifier l'existence et l'utilité de mes clients dans les immenses steppes de la Pologne et de la Russie, où les arbres sont excessivement rares et à une distance très-grande les uns des autres?

Puis, les arbres étant si peu nombreux et cependant visités par les pics, comment se fait-il que ces arbres puissent végéter, tous ne devraient-ils pas être condamnés à une mort prochaine par les ravages imputés à mes clients? Car si, dans les pays boisés, les proscrits dont je défends la cause attaquent, d'après l'affirmation de mon honorable ami, presque tous les arbres sains et vigoureux, quel terrible ravage ne doivent-ils pas exercer dans les contrées où le petit nombre d'arbres ne leur permet pas de choisir le théâtre de leurs méfaits?

Il faudrait ici terminer mon plaidoyer en faveur des pics, puisque je crois avoir combattu victorieusement les accusations formulées par mon honorable ami ; mais comme je désire accomplir, en toute conscience, la mission que j'ai acceptée dans l'intérêt de la vérité et de l'agriculture, je combattrai M. de Baracé sur son propre terrain, et je lui prouverai combien, sans le vouloir, il a exagéré la portée de ses accusations. Puis je soumettrai à la méditation des juges de ce procès, deux faits intéressants qui démontreront, jusqu'à une entière évidence, qu'il est nécessaire d'étudier sérieusement une cause avant de condamner, comme coupables, ceux que l'expérience plus tard démontrera être innocents. Ils prouveront aussi que, s'il est bon d'étudier les questions d'histoire naturelle *en plein soleil*, il est au moins tout aussi nécessaire de se laisser guider dans cette étude par l'expérience des siècles passés. Il en est de ces études comme des voyages qui s'exécutent à travers des parages semés d'écueils : vouloir apprendre à les éviter par sa seule expérience, sans avoir consulté avec une minutieuse attention les travaux de ses devanciers, c'est presque toujours s'exposer à un naufrage certain. Je cite les expressions du mémoire : « Le pic pond de cinq à sept œufs « par année ; on peut lui en faire pondre jusqu'à douze, en en re- « tranchant un tous les jours. Il y a seulement dix couvées par com- « mune, il peut y en avoir le double. Je prends la moyenne de cinq « œufs au lieu de sept ; l'année qui vient, vous avez cinquante pics, « celle d'après, cent vingt-cinq. Je m'arrête, *tous* auront envie de « faire un trou pour se reproduire. Combien restera-t-il de bons « arbres aux propriétaires de cette commune, au bout de dix ans? »

Telle est l'accusation formulée par mon honorable ami, et je maintiens qu'avec de pareilles accusations, il plaide en faveur de mes clients. Si la centième partie de cette accusation était vraie, il est incontestable qu'à Valoncourt, et à plus forte raison dans les domaines où on laisse les pics se multiplier tranquillement, il n'y aurait plus depuis longtemps un seul arbre sain, surtout si l'on admet le sentiment de M. de Baracé, qui pense que non-seulement les pics font un trou chaque année, dans les arbres sains, pour se reproduire, mais qu'ils se plaisent encore à les perforer non pour trouver quelques insectes nuisibles, mais uniquement pour causer des ravages et passer le temps. Et cependant l'accusation de mon honorable ami est loin d'être complète, car il devrait admettre au moins de soixante à quatre-vingts nids de pics-verts, par commune de moyenne étendue, et dès lors il sera obligé de multiplier bien davantage encore les dommages attribués à mes clients.

Afin de dissiper ces accusations chimériques, j'aborde le domaine des faits, et je me transporte à Valoncourt, sur la propriété même de M. de Baracé. L'allée qui conduit à l'habitation, était plantée de cent peupliers, dont soixante-seize ont été abattus l'année dernière. Ces arbres avaient quarante ans d'existence. Il est de toute logique que les peupliers étant de bois tendre, plantés dans un pays habité par des légions de pics, aucun de ces arbres n'ait dû échapper à l'action de leur bec tranchant, surtout dans le cours des quarante années. Cependant il n'en est rien : quand ces arbres ont été abattus, il a été constaté que, sur les cent arbres, quatre seulement portaient des traces du travail des pics-verts; trois trous avaient de petites dimensions, un seul arbre était perforé profondément dans une longueur de soixante à soixante-dix centimètres, dimension d'une galerie du cosse-gâte-bois. En réunissant les quatre plaies, le propriétaire avait perdu une fraction d'un peuplier dans l'espace de quarante ans. J'admets même que les quatre peupliers fussent complétement perforés et perdus ; il s'agirait de prouver que les services rendus par les pics dans cette même allée de peupliers, ne l'emportent pas de beaucoup sur la perte des quatre arbres. Or voici l'exposé des services de mes clients.

Depuis plus de quinze ans, chaque automne, je profite à Valoncourt de l'aimable hospitalité que m'offre M. de Baracé, et depuis quinze ans, je voyais tous les jours, pendant les vacances, et surtout dès le matin, des troupes de pics-verts venir s'abattre au pied des peupliers. Là, pendant des heures entières, je les observais se livrer à un travail incessant, tourner, retourner autour de ces arbres avec une énergie que rien ne pouvait fatiguer. Que faisaient-ils? Mon honorable ami n'estime pas assez mes clients pour croire qu'ils travaillaient uniquement en vue de la gloire. Puis la gloire ne pourrait guère nourrir et faire vivre, même les pics. Perforaient-ils les arbres? Nullement. Ils visitaient les arbres depuis le sol jusqu'à une hauteur de deux à trois mètres ? Cherchaient-ils des fourmis, il n'y en avait pas l'apparence d'une seule. Après avoir examiné les pics avec une grande attention et un grand nombre de fois, ce qui prouve de nouveau à M. de Baracé que je ne borne pas mon étude à la lecture des livres, je m'approchai du théâtre du labeur des pics, et là je trouvai les grosses racines des arbres serpentant à la surface du sol, dénudées entièrement, la terre recouvrant le pied des arbres fouillée profondément, des monceaux de mousse jonchant le terrain, et des traces multipliées d'un combat dans lequel un grand nombre de victimes avaient été immolées. Quelles étaient ces victimes? Que M. de Baracé veuille bien se rappeler les peupliers cités par M. Toussenel, et il sera forcé de convenir que ces victimes étaient les ennemis de ses arbres, et que les pics les avaient arrêtés dans leur œuvre de destruction.

Pourquoi, me demandera-t-on peut-être, pourquoi le pic-vert visite-t-il, dès le matin, les racines et le pied des arbres? La réponse à cette question me semble facile; de plus, elle manifestera encore davantage la mission providentielle confiée à mes clients, et la sollicitude paternelle de Dieu qui a prévu tout ce qui peut sauvegarder les intérêts de l'homme.

Les arbres ne peuvent être pleins de sève et de vie qu'à la condition d'être délivrés des insectes qui souillent leur écorce, rongent leur aubier, et établissent jusque dans leur intérieur des galeries purulentes. A qui ce rude labeur est-il confié? au pic-vert. Cet oiseau peut, à toute heure du jour, soumettre le milieu et le haut des arbres à ses minutieuses investigations, sans s'exposer à un danger grave ou à une mort à peu près certaine; il peut, dans les parties élevées, échapper à ses ennemis et même au plomb meurtrier des propriétaires en décrivant des spirales autour des arbres. Malheureusement il n'en est pas ainsi en ce qui concerne les racines et la base des arbres. Là, le pic ne se trouve pas hors de l'atteinte des troupeaux, des chiens qui les accompagnent, des bergers qui les surveillent, des promeneurs qui trop souvent se plaisent à faire des victimes innocentes. Dès lors il faut ou que le pic renonce à une partie de la mission qui lui est confiée, ou qu'il ait recours à un moyen qui lui permette d'achever son œuvre de dévouement, sans trop s'exposer à un danger certain. Ce moyen, il le trouve en s'imposant un nouveau sacrifice dont il sera payé souvent par une noire ingratitude; il diminue son sommeil, et avant que les troupeaux, les bergers et surtout les propriétaires ne circulent, il visite les pieds de tous les arbres et scrute la surface de leurs racines. Puis quand le jour s'avance, le pic remonte dans les régions plus élevées, où il continue dans l'intérêt des propriétaires sa mission providentielle. J'ai constaté bien des fois l'exactitude de cette observation à Valoncourt, et le long des routes et des sentiers parcourus par les villageois et par les voyageurs. Mon honorable ami a pu lui-même voir quelquefois les pics, dès le matin, passer d'un arbre à l'autre dans l'allée de peupliers de son domaine, visiter le pied des arbres jusqu'à une hauteur de deux ou trois mètres, sans monter davantage. Cette manœuvre intelligente était répétée presque tous les matins.

La description que je viens de tracer d'après des observations réitérées, prouve d'une manière bien précise quels sont les moyens que prennent les pics pour se procurer leur nourriture de chaque jour, et dès lors quels sont les services qu'ils rendent à l'agriculture en préservant d'ennemis très-dangereux, les arbres qu'ils visitent. Il me semble avoir aussi démontré que, lorsque mes clients perforent les bois pour y découvrir et y saisir des insectes qui se sont réfugiés dans leur intérieur, ce n'est qu'une exception à leur vie habituelle, et encore cette exception est-elle utile aux intérêts du propriétaire.

Je continue mon explication sur les peupliers de Valoncourt. Le cosse-gâte-bois pond de cinquante à soixante œufs, et chaque œuf est déposé séparément des autres, afin qu'il puisse échapper plus facilement à ses ennemis, et que les larves en éclosant, trouvent sans se gêner mutuellement, la nourriture qui leur est nécessaire. Or si quatre ou cinq de ces œufs, seulement, s'étaient dérobés chaque année aux investigations des pics, que serait-il resté à mon ami de ses cent peupliers, après quarante années? Qu'il veuille refléchir et répondre. Mais pour faciliter sa réponse et rendre plus exacte la sentence des juges de mes clients, je vais transcrire un résumé des deux faits historiques que j'avais annoncés précédemment ; cependant, avant de donner ces détails, je tiens à faire part à M. de Baracé d'une observation qu'il pourra lui-même très-facilement vérifier.

A un kilomètre d'Angers, se trouve une plantation de peupliers formant, près des fours à chaux, une promenade peu tranquille, visitée trop souvent par ceux qui recherchent des plaisirs bruyants et trompeurs. C'est au milieu de ces peupliers qu'est situé le Grand Tivoli, centre de divertissements populaires. C'est aussi près des bords de cette promenade, que les pêcheurs plus ou moins novices viennent, tous les jours de la semaine, essayer de capturer poissons et grenouilles. Enfin ce lieu champêtre voit assez régulièrement, deux fois par semaine, des pensions nombreuses se livrer à de joyeux ébats. Pour toutes ces raisons, les pics-verts ne peuvent, en paix et à leur aise, visiter ces peupliers. Dès lors, si l'opinion de mon honorable ami était fondée sur des faits sérieux, il devrait s'en suivre que ces peupliers, plantés dans un terrain convenable et n'étant pas perforés par les pics-verts, fussent pleins de vie et doués d'une luxuriante végétation. Hélas! il n'en est rien. Des centaines sont morts depuis quelques années, beaucoup d'autres languissent par les ravages des larves d'insectes de toute espèce. J'ai enlevé, avec un de mes amis, l'écorce soulevée d'un grand nombre de ces peupliers, et j'y ai trouvé, à chaque arbre, trois, quatre et même jusqu'à quinze galeries pratiquées entre l'écorce et le bois, quelques-unes ayant 10, 20 et 30 centim. de longueur. Le détritus accumulé dans ces galeries avait vicié la sève, entravé son épanouissement et occasionné plus ou moins promptement la mort de ces arbres. Soutenir que les larves qui creusent leurs galeries dans l'aubier ne causent aucun préjudice à la vigueur des arbres, ce serait partager l'erreur de celui qui prétendrait que les maladies de peau ne font aucun tort à la santé de l'homme. Si mon honorable ami n'est pas convaincu, en vérifiant l'observation que je lui signale, des services rendus par les pics, aux peupliers et aux autres arbres, il pourra du moins constater que beaucoup d'arbres périssent sous l'action perforante des larves de toute espèce.

Enfin, si j'appliquais à la question des peupliers de Valoncourt la méthode de l'unité suivie en mathématiques, les cent peupliers vivant pendant quarante ans, peuvent être remplacés par quatre mille peupliers vivant pendant une année; or, quatre de ces arbres ayant été attaqués par les pics, il s'ensuit évidemment, même d'après les termes de l'acte d'accusation, que des centaines de mes clients unissent leurs efforts pour perforer un arbre sur mille ! Nous sommes bien loin des conséquences indiquées par M. de Baracé, surtout lorsque l'on réfléchit que ce calcul repose sur les griefs exposés par mon honorable ami, griefs que j'ai admis sur sa parole et sans aucun contrôle, griefs qui se sont passés dans une localité où, selon l'expression de mon contradicteur, les pics semblent prendre plaisir à se réunir par légions.

Je passe aux faits historiques annoncés précédemment.

Frédéric II, roi de Prusse, qui joignait à d'autres qualités un goût très-prononcé pour les bonnes choses, aimait beaucoup les cerises et surtout les belles cerises. Ce prince veillait avec une tendresse royale sur les magnifiques cerisiers de son jardin de Postdam. S'étant aperçu que les moineaux mangeaient les cerises, les autres fruits et même les légumes précoces de son domaine privilégié, le roi condamna à la proscription et à la mort, comme oiseaux nuisibles, tous les moineaux de son royaume. Frédéric réunit ses familiers, et la sentence de la proscription en masse de tous les moineaux de la Prusse fut votée avec enthousiasme. Le roi philosophe était satisfait de donner une nouvelle leçon de sagesse au Créateur. D'un autre côté, heureux de pouvoir complaire au monarque, les courtisans criaient à l'envi les uns des autres comme à la fin d'un discours officiel : « Que les coupables, que les ennemis du roi soient à tout jamais exterminés !

vivent les cerises !! vive le roi !! » Ah ! si Frédéric eût pensé à faire, lui aussi, une exhibition de plusieurs mètres cubes de noyaux de cerises, comme preuves palpables de conviction contre les moineaux, s'il y eût joint un certain nombre de mannequins remplis de débris de petits pois, quelques centaines d'hectolitres d'épis de blé pillés ou brisés, l'assentiment des amis du roi et leurs applaudissements eussent encore été et plus vifs et plus énergiques. Les moineaux furent donc condamnés à un massacre général, et, pour assurer l'efficacité de la sentence, Frédéric accorda une prime de six pfennings par couple de moineaux immolés, c'est-à-dire trois centimes environ par tête de proscrit. Dix mille thalers prussiens, d'une valeur de 3 fr. 75 pièce, furent employés, la première année, à cette œuvre d'extermination ; cent thalers, la deuxième année ; dix thalers, la troisième. La diminution considérable dans les primes prouve avec quelle énergie on avait poursuivi les moineaux. Dans l'espace de trois ans, un million deux cent treize mille sept cent cinquante moineaux avaient été immolés dans l'étendue de la Prusse qui, n'étant pas encore bismarkisée, avait une étendue beaucoup plus restreinte que celle qu'elle possède aujourd'hui. L'Angleterre, la Hongrie, la Bohême, etc., croyant bien faire, suivirent l'exemple de la Prusse. Les motifs sur lesquels était appuyée la proscription des moineaux étaien bien plus plausibles, bien plus évidents que ceux qu'on allègue contre les pics. Enfin les moineaux sont beaucoup plus nombreux que mes clients, car mon honorable ami ayant affirmé dans son Mémoire, lorsqu'il s'agissait de reconnaître les services rendus par les sitelles, par les mésanges, etc., que ceux que l'on attribuait aux pics étaient très-peu multipliés puisque ces oiseaux sont peu nombreux, ne peut pas augmenter le nombre de ces proscrits lorsqu'il s'agit de leur imputer des méfaits. En effet, si les pics sont peu nombreux quand il s'agit de faire le bien, ils ne peuvent devenir tout à coup très-multipliés quand il s'agit de leur imputer des crimes.

En Prusse, en Angleterre, etc., les moineaux parurent donc être très-légitimement condamnés, et à cause de leurs ravages persévérants, et à cause de leur nombre atteignant des proportions considérables. Cependant, la quatrième année après l'édit de proscription des moineaux, c'est-à-dire dans celle qui suivit leur destruction complète, des myriades d'insectes de toute espèce se répandirent sur la Prusse; les fleurs des arbres fruitiers, leurs feuilles même furent tellement dévorées, qu'il ne resta pas même à Frédéric des noyaux de cerises, comme consolation. Le roi philosophe reconnut, ce qui est assez rare, même de nos jours, qu'il s'était trompé et que Dieu avait été plus sage que lui. Le prince leva l'édit de proscription, et donna une prime de six pfennings par couple de moineaux que l'on introduirait en Prusse. Il est à croire qu'il paya plusieurs fois la prime pour le même couple, car il est évident que les moineaux introduits dans le royaume ne pouvaient être enregistrés avec un numéro d'ordre, et dès lors les mêmes oiseaux devaient être capturés et primés plusieurs fois. Mais cette observation n'est qu'un détail très-secondaire; le point principal est la réhabilitation des moineaux qui, rappelés en Prusse, en Bohême, en Hongrie, en Angleterre, sont restés depuis cette époque, et malgré les plaintes des propriétaires, sous la sauvegarde des lois et la protection des sociétés d'agriculture. C'est ainsi que M. Guérin-Menneville, président de la Société du Jardin d'acclimatation, a dit dans la *Revue zoologique* : « Le moineau *même*, regardé comme si nuisible parce qu'il nous « prend quelques grains de blé, rend largement à l'agriculture la « valeur de cet emprunt, en détruisant pendant tout le reste de « l'année une foule d'insectes qui nous feraient un tort bien autre- « ment considérable. » (Tome VI, page 699.)

M. de Quatrefages a calculé qu'un couple de moineaux porte à ses petits *quatre mille trois cents* chenilles ou scarabées par semaine. (*Souvenirs d'un naturaliste.*) De cette observation, reposant sur l'expérience d'un savant, on peut déduire facilement quels sont les immenses services que les moineaux rendent à l'agriculture.

Aussi pourrais-je dire à mon honorable ami : *Ab uno disce omnes,* par ce fait apprenez à juger les autres et à ne pas condamner ni proscrire des espèces entières d'oiseaux. Si quelquefois ces espèces, dans certains cas particuliers dépendant presque toujours du caprice des hommes qui ont modifié les règles de l'harmonie établie par Dieu, causent quelques ravages passagers, combattez ces ravages, travaillez à ramener les choses dans l'équilibre ordinaire, mais ne proscrivez pas. Faites pour les oiseaux ce que vous faites pour les eaux qui débordent, prenez les moyens de les faire rentrer dans leur lit habituel et n'allez pas plus loin. Je pourrais m'arrêter là, mais je dois, dans l'intérêt de mes clients et pour dissiper les préjugés de leurs adversaires, devoir citer un autre fait de proscription.

Lorsque les îles Bourbon et de France appartenaient, sous cette dénomination, à notre patrie, un gouverneur qui avait étudié l'histoire naturelle dans les livres, crut rendre un véritable service à ses administrés, en introduisant dans les colonies confiées à ses soins un certain nombre de martins-roselins, appelés *acridatherus* (de AKRIS, sauterelle, et THÊRAÔ, chasser), oiseaux qu'il destinait à combattre la multiplication trop considérable des sauterelles, insectes qui deviennent une véritable peste quand leur nombre s'accroît outre mesure. Les martins-roselins accomplirent avec énergie la mission qui leur était confiée, et les sauterelles cessèrent d'être un fléau pour ces colonies. Ne trouvant plus de sauterelles en quantité suffisante pour se nourrir, les martins-roselins cherchèrent tout naturellement d'autres mets, et comme ces oiseaux sont de vigoureux champions, ils firent de véritables razzias sur les graines et sur les fruits. Aussitôt les propriétaires se réunirent en grand nombre; ils se rendirent près de M. Desforge-Boucher, gouverneur général, et de M. Poivre, intendant de la colonie, et demandèrent avec instance la proscription des martins-roselins. A l'appui du tableau émouvant des ravages exercés par ces oiseaux, les propriétaires eussent pu entasser les preuves matérielles des dégâts reprochés aux coupables, et en faire une colonne qui eût presque atteint la hauteur du pic des Neiges. En face d'un pareil dossier, la proscription devenait nécessaire. Les martins-roselins furent donc condamnés. Les propriétaires se mirent à l'œuvre avec l'énergie qu'inspire une conviction puisée dans des études faites en plein air, sous l'influence d'une chaleur tropicale. Bientôt il ne resta plus un seul martin-roselin dans l'étendue des deux îles. La joie des propriétaires était parvenue à son plus haut degré. Les coupables, les grands criminels étaient exterminés, et pour célébrer un pareil triomphe et constater un pareil bienfait, on pensait à faire une illumination générale et peut-être un feu d'artifice !! Mais hélas! la joie des triomphateurs dura ce que dure un feu de Bengale ! Bientôt les sauterelles, qui n'étaient plus contenues dans de sages limites par la présence des martins-roselins, se multiplièrent en si grand nombre que toutes les récoltes furent dévorées, les feuilles et l'écorce des arbres tellement rongées que la famine et la désolation s'étendirent sur la colonie entière. Les propriétaires, qui presque toujours ne considèrent que le présent et n'envisagent les questions d'histoire naturelle que sous un seul point du vue, celui de leurs intérêts du moment, se rendirent près du gouverneur général pour le supplier de faire au plus tôt revenir les proscrits. Un navire fut envoyé dans l'Indoustan afin de ramener une cargaison de martins-roselins. Ceux-ci furent reçus comme des libérateurs et placés sous la sauvegarde des lois. Les martins-roselins se mirent si bien à l'œuvre, que les sauterelles étant presque anéanties, ils durent, de nouveau, attaquer les fruits et les graines pour subsister. Mais, avertis par une cruelle expérience, les habitants de ces îles se résignent facilement à subir un dommage qui les préserve d'un plus grand. En cela, je les loue, car ils ne pensent plus à donner à Dieu une leçon de sagesse sur l'harmonie générale de la nature.

J'ai dit que les propriétaires n'envisageaient que le moment présent, et que dès lors ils jugeaient les questions d'histoire naturelle à un point de vue restreint, très-incomplet et très-faux. Pour diminuer ma responsabilité au sujet de cette grave accusation, je cite ici un passage de M. Michelet : « L'avare agriculteur, mot juste et « senti de Virgile (*Géorgiques*, liv. IV, 47), avare, aveugle réelle« ment, qui proscrit les oiseaux destructeurs des insectes et défen« seurs de ses moissons. Pas un grain à celui qui dans les airs plu« vieux, poursuivant l'insecte à venir, cherchait les nids des larves, « examinait, retournait chaque feuille, détruisait chaque jour des « milliers de futures chenilles. Mais des sacs de froment aux insectes « adultes, des champs aux sauterelles que l'oiseau aurait combattues !

« Les yeux sur le sillon, sur le moment présent, sans voir et sans « prévoir, aveugle sur la grande harmonie qu'on ne rompt pas en

« vain, il a partout sollicité ou applaudi les lois qui supprimaient « l'aide nécessaire de son travail, l'oiseau destructeur des insectes. « Et ceux-ci ont vengé l'oiseau. Il a fallu en hâte rappeler le pros- « crit. A l'île Bourbon, par exemple, la tête du martin était à prix, « il disparaît, et alors les sauterelles prennent possession de l'île, « dévorant, desséchant, brûlant d'une âcre aridité ce qu'elles ne « dévorent pas. Il en a été de même dans l'Amérique du Nord, pour « l'étourneau défenseur du maïs. Le moineau même qui attaque le « grain mais qui le protége encore plus, le moineau pillard et ban- « dit, flétri de tant d'injures et frappé de tant de malédictions, on a « vu en Hongrie qu'on périssait sans lui, que lui seul pouvait sou- « tenir la guerre immense des hannetons et des mille ennemis ailés « qui règnent sur les basses terres ; on a révoqué le bannissement, « rappelé en hâte cette vaillante *landwehr*, qui, peu disciplinée, « n'en est pas moins le salut du pays.

« Naguère près de Rouen et dans la vallée de Monville, les cor- « neilles avaient été proscrites quelque temps. Les hannetons, dès « lors, tellement profitèrent, leurs larves multipliées à l'infini pous- « sèrent si bien leurs travaux souterrains, qu'une prairie entière « qu'on me montra, avait séché à la surface ; toute racine d'herbe « était rongée et la prairie entière, aisément détachée, roulée sur « elle-même, pouvait s'enlever comme un tapis.....

« Que feras-tu, pauvre homme ? Comment te multiplieras-tu ? « As-tu des ailes pour suivre les insectes destructeurs ? As-tu même « des yeux pour les voir ? Tu peux en tuer à ton plaisir ; leur sécu- « rité est complète : tue, écrase à millions, ils vivent par milliards. « Où tu triomphes par le fer et le feu en détruisant la plante même, « tu entends à côté le bruissement léger de la grande armée des « atomes qui ne songe guère à ta victoire et qui ronge invisible- « ment. » (*L'Oiseau*, pages 169 et suivantes.)

Je ne puis citer qu'une faible partie du passage où M. Michelet prouve les services rendus à l'agriculture par tous les oiseaux, sans aucune restriction. J'engage mon honorable ami à le lire tout entier et à méditer ce qui concerne les corneilles, en se rappelant l'acharnement avec lequel un de nos collègues, naturaliste et surtout propriétaire-agriculteur, poursuit ces oiseaux comme un véritable fléau, causant des ravages sérieux à l'agriculture. Il sera alors facile à M. de Baracé de se convaincre que l'on peut très-promptement se faire illusion sur des questions d'histoire naturelle, quand on s'en rapporte à ses seules observations. Puisque Virgile condamnait déjà la manière dont les propriétaires agriculteurs jugeaient les oiseaux, il demeure constaté que mon opinion est loin d'être nouvelle. Les expressions de M. Michelet et qu'il appuie sur ce texte de Virgile, me semblent être très-justes, surtout dans cette circonstance. Le propriétaire naturaliste dont il vient d'être question, était véritablement *avare* et *aveugle,* en jugeant les corneilles, les freux, d'après des observations superficielles et par suite fausses. Il surveillait depuis longtemps les freux qu'il prenait pour des corneilles, parce que le plumage de ces oiseaux est de même couleur ; il les voyait becqueter les sillons, il crut qu'ils cherchaient la semence confiée à la terre, il fusilla quelques coupables, fit leur autopsie et trouva dans leurs intestins une bouillie qui lui sembla être composée de grains de blé. Dès lors le propriétaire cria vengeance, et demanda dans un Mémoire l'extermination de toutes les corneilles. J'admets bien volontiers que la bouillie accusatrice ait été analysée par un chimiste, et qu'elle ait été reconnue comme étant composée de grains de blé plus ou moins digérés. Quelle sera la conclusion de cette analyse? Que les freux, les corneilles avaient mangé quelques grains de blé. Où était donc leur crime, si cette nourriture était le mince salaire d'un travail pénible et de services persévérants? Notre collègue agriculteur voudrait-il employer le même procédé et faire le même raisonnement à l'égard de ses serviteurs les plus dévoués, les plus actifs? Parce que leur estomac contiendrait une nourriture qui lui appartenait, en conclurait-il qu'il faut les exterminer? Ce serait un singulier moyen de multiplier les bras dont le savant agriculteur réclame le concours qui fait de plus en plus défaut pour les travaux de la campagne. S'il veut disputer à ses serviteurs dévoués la nourriture qui leur est nécessaire pour les soutenir dans leurs rudes travaux, il mériterait la première des notes infligées par Virgile, celle d'*avare*. Or s'il repousse avec indignation une pareille épithète si éloignée de ses sentiments, pourquoi la mériter quand il s'agit d'une autre catégorie de serviteurs intelligents et infatigables? Les corneilles, les freux rendent-ils des services réels à l'agriculture? S'il en est ainsi, consentez donc à les nourrir quelquefois. Ne soyez pas avare et cessez d'être aveugle. Réfléchissez sur les courtes observations que je vous soumets en toute franchise. Pourquoi trempez-vous maintenant vos semences dans du sulfate de cuivre? Pourquoi les placez-vous sous la protection du vert-de-gris? C'est, me répondez-vous, pour les protéger contre les attaques des insectes, des vers de toute espèce qui dévorent de plus en plus toutes les semences; telle sera certainement votre réponse. Mais autrefois avait-on recours à ce moyen? Non. Autrefois proscrivait-on les oiseaux, les corneilles, comme on le fait aujourd'hui? Non. Les semences se développaient tout aussi bien et même beaucoup mieux, parce que les freux, les corneilles dévoraient par millions les ennemis de vos semences. Vous vous plaignez aussi que les perdrix disparaissent, et vous les empoisonnez. Et votre famille sera-t-elle plus pleine de santé quand son pain aura été composé avec le grain d'une semence trempée dans du sulfate de cuivre? Ne soyez donc plus ni avare ni aveugle; laissez les oiseaux accomplir leur mission providentielle, et vous en retirerez de sérieux avantages.

Je voulais terminer ici mon plaidoyer en faveur de mes clients, déjà peut-être est-il trop long, mais je ne puis résister au plaisir de citer un article très-curieux que je trouve dans l'*Union de l'Ouest*, du 27 septembre 1867. Il est intitulé : *Oratio pro crocodilis,* discours pour la conservation, le développement de la famille des crocodiles. Si mon honorable ami introduit cette invocation dans ses prières, les pics seront mille fois justifiés. Voici cet article : « Le *Moniteur,* « vous ne l'avez pas oublié, racontait récemment les mesures sani- « taires, prises à la Mecque, à la suite de la conférence internatio- « nale de Constantinople, pour éviter à l'avenir le choléra et ses « ravages. On a pu voir que, malgré les conseils hygiéniques, le « choléra n'en est pas moins venu s'abattre de nouveau sur le pour- « tour occidental de la Méditerranée, sans qu'on puisse dire cette « fois que l'infection est venue par un navire ayant touché à Mar-

« seille ou dans tout autre port. On en a été réduit à parler d'un en- « fant qui aurait rapporté sans le savoir le choléra à Palerme ou dans « je ne sais quelle autre ville. Mais l'Académie des sciences vient d'en- « trevoir une cause qui, si elle existe, et je crois qu'elle existe, ren- « drait les Anglais bien autrement responsables du choléra que les « pèlerins musulmans, leurs sacrifices de moutons et leur malpropreté.

« Et d'abord posons en fait que si les cadavres du Gange, si les « débris de matière animale laissés sans sépulture étaient la seule « ou la principale cause du choléra, l'effet d'une cause ancienne se « serait fait attendre bien longtemps, car l'usage de jeter dans le « Gange les cadavres humains, ou même de les laisser sans sépulture « sur le rivage, remonte à la plus haute antiquité. Et cependant « l'apparition du choléra dans le midi de l'Europe ne remonte qu'à « l'année 1832. On a dit qu'il était arrivé parmi nous à la suite « d'un mouvement des armées, mais sous le premier Empire, il y « avait eu depuis Cadix jusqu'à Moscou des mouvements d'armées et « des champs de bataille bien autrement jonchés de morts qu'en « 1831 ou 1832. Il a donc fallu chercher d'autres causes du choléra, « et voici ce qu'on croit avoir découvert.

« Si l'usage de jeter les cadavres dans les eaux du fleuve sacré « ou de les abandonner sans sépulture sur le rivage, est de la plus « haute antiquité, la nature semblait avoir placé à côté du mal le « préservatif, et voici en quoi il consistait.

« Le Gange avait pour hôtes des crocodiles en grand nombre, non « pas de l'espèce du caïman ou alligator, qui s'attaque à l'homme « debout ou vivant, mais des crocodiles qui ne mangent que de la « chair morte. La science appelle ce crocodile le *gavial*, il a le mu- « seau cylindrique et plus allongé que le museau du caïman et les « dents disposées autrement.

« Or, il est arrivé que les Anglais de Calcutta croyant faire une « œuvre humanitaire, ont organisé des chasses sur le littoral du « Gange, dans le but de faire disparaître le gavial comme dans nos « forêts nous avons à peu près fait disparaître le loup, le renard et « le sanglier. Les cadavres n'étant plus absorbés et transformés en « chyle crocodilien, sont allés embarrasser et infecter le Delta.

« L'homme a parfois des idées progressistes qui lui viennent d'un « grand fond de stupidité et d'ignorance. Il a une sorte de répu- « gnance naturelle pour les oiseaux et les insectes qui, à la manière « des crocodiles, des corbeaux, des pics, des araignées, rendent de « véritables services. On dit que la taupe n'a pas d'yeux ; ce sont « ceux qui tuent la taupe qui sont des aveugles ; car toutes les fois « qu'un champ a été labouré en dedans par une taupe, on est bien sûr « qu'il n'y viendra pas de mauvaises herbes, et que les récoltes ne se- « ront pas dévorées par les insectes nuisibles à l'agriculture, auxquels « dans ces dernières années M. Delamarre avait déclaré la guerre.

« Je crois donc que les Anglais de Calcutta feront bien de ne plus « détruire les crocodiles du Gange, s'il en reste. »

Ainsi d'après ce témoignage, l'Académie des sciences n'est pas éloignée de reconnaître qu'une des causes les plus probables de l'invasion du choléra en Europe, est la destruction presque complète du gavial, qui a reçu de Dieu la mission de faire disparaître les cadavres et les immondices de toute nature qui séjournent dans les fleuves de certaines contrées. Ces terribles amphibies, qui atteignent une longueur de cinq à six mètres, exerçaient au fond des eaux la même mission que les cathartes et les vautours remplissent dans les déserts et sur le sommet des montagnes, en dévorant les débris putrifiés des animaux propres à engendrer des émanations pestilentielles, dans les endroits où l'homme ne peut pénétrer pour les faire disparaître lui-même.

L'opinion émise par l'Académie des sciences avait déjà été indiquée par M. Toussenel. « On sait, dit ce profond observateur, que « l'horrible fléau qui fit sa première apparition en Europe en 1832, « a pour foyer le Gange et pour causes les émanations pestilentielles « des cadavres que la superstition locale charrie journellement aux « eaux sacrées du fleuve. Aussi longtemps qu'il s'est trouvé sur « les lieux assez de grands estomacs pour servir de tombe à ces « restes, la contagion a pu se concentrer autour de son foyer, mais « du moment que la production du cadavre en a dépassé la con- « sommation, l'irruption en dehors est devenue inévitable. » (*Ornithologie passionnelle*, t. I, p. 376, 2e édition.)

Je m'arrête, car je crois avoir prouvé surabondamment par des faits, par des témoignages nombreux, par des raisonnements s'appuyant sur des observations sérieuses et réitérées, que les griefs reprochés aux pics-verts ne sont pas fondés, et qu'ils s'évanouissent au flambeau d'une discussion véritablement scientifique. Si je me suis étendu longuement sur la proscription des moineaux, des martins-roselins, si j'ai indiqué celle de l'étourneau, des corneilles et même celle du gavial, ce n'était pas m'éloigner de mon sujet, mais bien évidemment fortifier la thèse que je défends en prouvant que d'après la sagesse de Dieu, tous les êtres forment un anneau de la chaîne établie par sa providence pour l'harmonie générale, et que toutes les fois que l'homme brise un de ces anneaux, il travaille contre ses propres intérêts, comme le prouvent les faits que j'ai énumérés. De plus, la conséquence de toutes ces expériences subies aux dépens de l'homme, devrait déterminer mon honorable ami à ne pas suivre plus longtemps une voie dangereuse, et à retirer son édit de proscription.

Il me semble qu'il ne me reste plus pour gagner complétement la cause de mes clients qu'à fournir des preuves matérielles d'un poids aussi considérable que celles que M. de Baracé a fait transporter dans un chariot. Sous ce rapport même, la victoire me paraît encore assurée, car j'ai en réserve, pour les soumettre à l'examen des juges de ce procès quand ils le croiront convenable, des témoins à décharge d'une pesanteur écrasante et qui, en attestant les terribles ravages exercés par les larves dans *l'intérieur des arbres sains et à des hauteurs différentes,* prouveront que les services rendus par les pics-verts en détruisant ces larves, ne sont pas chimériques mais bien réels.

Je termine mon plaidoyer en faveur de mes chers clients, par deux citations qui résument mon opinion. La première est empruntée à un ouvrage classique rédigé par M. Lelion-Damiens, ancien inspecteur des études au collége Sainte-Barbe, la voici : « Si les oiseaux que nous détruisons sans pitié cessaient de nous « défendre contre les insectes, ces infiniment petits nous auraient « vite réduits à la famine. L'homme alors mourrait de misère, après « avoir rompu de ses mains l'équilibre préétabli dans les œuvres « divines. » (*Lectures,* page 2.)

La seconde est de M. Guérin-Méneville. Ce savant, après avoir approuvé un article de M. le baron de Muller, sur la protection dûe *à tous les oiseaux*, ajoute ces quelques lignes : « Il existe un moyen « de conserver les fruits du travail des cultivateurs ; le créateur de « l'équilibre terrestre avait établi ce moyen, l'homme l'a paralysé, « l'a en partie déjà détruit. Il ne s'agissait pourtant que de conser- « ver et de protéger les oiseaux. » (*Revue zoologique*, tome VI, page 698.)

Pic à la recherche d'une larve.

Le savant continuateur de M. Dégland, M. Gerbe, s'exprime ainsi dans la magnifique édition de son Ornithologie européenne : « Les Piccidés forment une famille très-naturelle, fondée non-seule- « ment sur des caractères physiques, mais encore sur les mœurs et « les habitudes. Ils sont solitaires, nichent dans des trous naturels « qu'ils agrandissent quelquefois. Au lieu d'être des *oiseaux destruc-* « *teurs*, comme on le croit généralement, ils sont au contraire « *excessivement utiles* à *la sylviculture* et à *l'agriculture* en ce qu'ils « consomment considérablement d'*insectes* et de *larves* nuisibles à « nos forêts et à nos vergers. » (Édition de 1867, t. I, page 147).

C'est sous l'impression de l'opinion émise par M. Gerbe et par tous les naturalistes que j'ai cru rendre service à la sylviculture et à l'agriculture en défendant la famille des Pics condamnés à une proscription générale par mon honorable ami. Je crois mon plaidoyer d'autant plus nécessaire que, dans la séance du mois de janvier 1868, mon contradicteur a soutenu que les naturalistes de tous les temps, de toutes les contrées de l'univers, s'étaient trompés sur les mœurs et même sur la fonction de la langue du pic-vert, que cet oiseau se nourrissait presque *exclusivement de fourmis,* que sa langue était organisée plutôt pour saisir des fourmis que pour capturer des insectes et des larves, d'où il résultait que le pic ne rendait aucun service, qu'il ne causait que des ravages, en perforant les arbres les plus sains des forêts et des propriétés, que dès lors, n'ayant plus de raison d'être, il devait être proscrit, surtout lorsqu'il était constant qu'une poule détruisait plus de fourmis en deux jours qu'un pic dans un an ! que les courses des pics autour des arbres qu'ils visitaient en décrivant des spirales de bas en haut, que les coups de bec qu'ils donnaient sur les écorces et sur les mousses, n'étaient que des passe-temps non pas même inoffensifs, puisqu'ils n'offraient à ces oiseaux qu'un moyen de plus de faire du tort aux arbres et par là même aux propriétaires. Enfin, le pic considéré à ce point de vue serait l'être le plus coupable de toute la création, car il serait le seul qui ferait du mal uniquement pour le mal, et non pour se défendre ou pour se nourrir. C'est ainsi qu'en foulant aux pieds les notions les plus évidentes et les plus élémentaires de la science et de l'observation, l'on parvient à répandre et à populariser des préjugés dont la conséquence immédiate est la proscription en masse d'une multitude d'espèces d'oiseaux si utiles aux véritables intérêts de la propriété. Si le pic doit vivre de fourmis qui se trouvent généralement à terre, pourquoi est-il constitué pour grimper? S'il doit se nourrir régulièrement de fourmis, comment expliquer qu'il est rare, très-rare dans les pays de plaines où les fourmis abondent, et qu'il est très-multiplié dans les forêts où ces insectes se rencontrent peu ou point?

Je ne dois pas finir ce plaidoyer en faveur des Pics, sans avouer qu'il m'a été très-pénible de combattre avec une énergie persévérante les opinions avancées par un collègue que j'aime et que j'estime sincèrement; mais je devais avant tout, rester fidèle à la devise que j'ai adoptée : « *Amicus Plato, sed magis amica veritas;* j'aime Platon, mais j'aime encore mieux la vérité. » C'est pourquoi je me permets de répéter en toute simplicité à mon honorable ami, que pour qu'une étude soit vraie, il faut qu'elle soit sérieuse, c'est-à-dire, appuyée non pas sur des impressions mobiles et irréfléchies, mais sur des observations incessantes, vivifiées, éclairées par les études des savants qui ont traité les questions que l'on désire soi-même approfondir. Si M. de Baracé eût suivi la véritable méthode, il ne serait pas tombé dans une série de contradictions qui détruisent tout le système d'attaque qu'il a essayé de formuler. Ainsi dans la séance du mois de janvier 1868, il a émis cette opinion «que le pic se nourrit presque exclusivement de fourmis, que c'est un véritable fourmilier. » Ou cette assertion repose sur des observations sérieuses, réitérées, ou elle est le résultat d'un rêve de l'imagination; dans le second cas elle ne mérite aucune confiance, dans le premier elle ne peut s'accorder avec une affirmation faite par M. de Baracé dans le mois de mars 1867 ; cette affirmation la voici : « Le pic ne peut attaquer les fourmis avant la récolte des blés ou des foins. Mais alors que lui en reste-t-il? La visite est faite par d'autres oiseaux, lui seul ne peut la faire. » M. de Baracé prétend que ses études ne sont pas faites dans le silence du cabinet, où l'on apprécie mal les questions d'histoire naturelle, mais « dans la vie active « des champs et en plein soleil. » Or pendant près de quarante ans M. de Baracé a vu que les pics ne mangeaient pas de fourmis avant la récolte du blé et des foins; pendant près de quarante ans il a cru voir ce qu'il ne voyait pas, ou plutôt il n'a pas vu ce qu'il eût pu voir, puisque depuis la séance du mois de mars 1867, il a constaté que les estomacs des pics-verts tués à différentes époques de l'année et préparés par ses soins ne contenaient que des fourmis.

De plus, mon honorable ami avait affirmé que non-seulement avant la moisson, mais encore après cette époque les pics ne mangeaient pas de fourmis; voici comment il formulait cette nouvelle assertion : « De même encore, disait-il, dans les plaines d'une cer-

« taine étendue où tous les coléoptères, *fourmis rouges et autres*, four-
« millent et pullulent, voit-on beaucoup de pics ? Relativement non,
« et IL NE PEUT Y EN AVOIR comme ailleurs. Pourquoi ? Les arbres sont
« rares, éloignés les uns des autres. Ce vaste domaine revient aux
« Huppes et aux Traquets. » Ainsi donc, mon honorable ami, pendant quarante ans, n'a pas vu les pics-verts manger des fourmis dans les blés, dans les prairies, et même dans les plaines ; or maintenant il avoue que cette assertion dont la fausseté eût été si facile à constater, reposait sur des faits qui n'existaient pas, et qu'il est forcé de reconnaître que ce sont les pics qui remplissent la mission qu'il attribuait aux Huppes et aux Traquets ! que les Huppes et les Traquets qu'il croyait voir dans la prairie n'étaient par là même que des pics-verts ! Je comprends très-bien qu'en concédant aux pics, pour leur nourriture, toutes les fourmilières, on puisse ensuite dispenser ces oiseaux de chercher beaucoup d'insectes et de larves sous et sur les écorces et même dans l'intérieur des arbres. Mais en évitant une difficulté, mon honorable ami tombe dans une autre ; je le prie en effet de vouloir bien expliquer quel est le procédé qu'emploie le pic-vert pour se procurer des fourmis lorsque l'herbe des prairies n'est pas fauchée, lorsque les blés ne sont pas coupés ? Le pic est essentiellement *grimpeur*, il n'est pas *marcheur* ; or il me semble que pour trouver les fourmis dans les sillons, dans les prairies, il faut courir comme les cailles, les perdrix, les râles, à travers les blés et les herbes; or comment *courir* quand on ne peut pas *marcher ?* comment parcourir soi-même de longs espaces quand on a les jambes paralysées pour la marche ? Il est de toute évidence que la course seule pourrait, à cette époque de l'année, procurer aux pics-verts leur nourriture presque exclusive. Comment, en effet, trouveraient-ils les fourmis, lorsque les moissons et les longues herbes des prairies, dérobent ces insectes à leur vue ? Puis comment les nombreux pics-verts qui ne sortent pas des immenses forêts qu'ils habitent, trouveront-ils dans ces forêts des fourmis et des fourmilières ? sont-elles en rapport avec la grande quantité des pics qui y établissent leur séjour ? Enfin, pourquoi les pics sont-ils plus nombreux là où les fourmis sont plus rares ? Je

résume ainsi cette dernière question : dans la séance du mois de mars 1867, mon honorable ami divisait l'année en deux parties, l'une avant la moisson, l'autre après. Ses études de quarante ans l'engageaient à affirmer que pendant la première époque de l'année, les pics ne pouvaient pas manger de fourmis, et que pendant la seconde, cette nourriture était le partage des Huppes et des Traquets. La conclusion rigoureuse de cette affirmation, motivée sur une longue expérience, était évidemment que les pics ne vivaient pas de fourmis. Et cependant il ajoute : « le pic élève *pourtant* ses petits avec des fourmis, » puis mon honorable ami entre dans des développements qui prouvent que les fourmis ne sont pour les pics-verts qu'une nourriture *passagère* et *exceptionnelle*. Il s'agissait donc d'indiquer une autre nourriture pour les pics-verts ; car on ne peut admettre qu'ils soient condamnés à un jeûne perpétuel. Il fallait forcément revenir aux insectes capturés sur les arbres. C'est alors que M. de Baracé, s'appuyant sur sa même expérience, affirme dans le mois de janvier 1868, que les pics-verts ne vivent que de fourmis, puisque les estomacs de nombreux sujets qu'il a tués à différentes époques et dans différentes localités ne contenaient que des fourmis !

Enfin, il y a une règle générale que mon honorable ami a pu vérifier bien des fois, c'est que, dans toutes les espèces d'oiseaux, le père et la mère apprennent à leurs petits, dès que ceux-ci peuvent sortir du nid, à capturer la proie qui doit leur servir de nourriture habituelle. Les petits pics-verts descendent-ils à terre pour saisir des fourmis ? Que mon honorable ami veuille donc bien se rappeler la narration que j'ai eu le plaisir d'entendre de sa bouche, lorsqu'il aimait à raconter qu'il avait observé de jeunes pics-verts, sortant et rentrant dans le trou qui les avait vus naître, après avoir capturé, sous l'influence d'un beau soleil et sous la direction de leurs parents, des pléiades de petits insectes cachés dans les fissures des écorces.

J'abandonne à M. de Baracé le soin difficile de concilier, s'il le peut, ses affirmations contradictoires. Ce résultat, je le désire et je l'attends.

Quant à moi, je ne modifie en rien mes assertions ; ma conviction reste toujours la même et ne fait que se fortifier. Dans la cause que je défends, mon sentiment ne découle pas d'appréciations plus ou moins chimériques, il repose sur des faits multipliés, incontestables. J'ai vu, bien des centaines de fois, des pics-verts visiter les arbres de bas en haut, capturer des insectes de toute espèce sur et sous les écorces, je les ai vus, comme les ont vus tous les naturalistes de tous les temps, de toutes les contrées, je les ai vus frapper les arbres à coups redoublés, tourner rapidement du côté opposé pour saisir des insectes que l'ébranlement communiqué à l'arbre avait fait sortir de leurs retraites, je les ai vus appuyer l'oreille sur l'écorce de l'arbre pour écouter la marche ténébreuse des larves, puis perforer avec rapidité le bois qui les séparait de la proie qu'ils convoitaient, je les ai entendus jeter un cri de satisfaction quand ils avaient capturé cette proie. Je dis donc de nouveau, avec toute l'énergie dont je suis capable : les pics vivent de fourmis quelquefois, et surtout au moment de la nidification, de guêpes et d'abeilles dont ils ravagent les essaims, dans les temps de disette ; mais le plus souvent, ils se nourrissent d'insectes et de larves nuisibles aux arbres, ils rendent par là même de véritables services, ils sont très-utiles à la sylviculture.

Je conçois très-bien qu'on puisse différer d'opinion sur l'utilité des pics, selon que l'on apprécie d'une manière trop exclusive ou les services que ces oiseaux rendent, ou les ravages qu'on leur attribue ; car dans ce cas, il s'agit simplement d'une appréciation reposant sur les mêmes faits, mais envisagés à des points de vue différents ; ce que je ne conçois pas, c'est que pour faire pencher la balance du côté de la condamnation des pics, on se fasse illusion au point de formuler des assertions contraires aux observations de toute sa vie, observations que j'ai faites moi-même bien des fois avec mon honorable ami, observations conformes à la logique, à l'expérience de tous les siècles, et au nom desquelles je proteste dans l'intérêt de la vérité et pour l'honneur de la Société Linnéenne de Maine-et-Loire.

Si, au reste, dans le cours de cette polémique, je m'étais servi de quelques expressions un peu trop vives pour rendre plus énergiquement ma pensée, je les retire d'avance comme opposées à mes sentiments les plus intimes et au seul but que je me suis proposé, celui de faire triompher la vérité. Et pour faciliter encore ce résultat, où tendent nos efforts communs, que M. de Baracé veuille bien demander aux marchands de bois de construction, si, d'après leur expérience de tous les jours, ce sont les pics-verts ou les larves qui font le plus de tort aux arbres.

J'eusse désiré ne défendre les pics que dans l'enceinte des réunions habituelles de la Société Linnéenne; mais j'ai cru devoir, au moment du concours, élever publiquement ma faible voix en faveur de mes clients, afin de trouver dans la science éclairée des juges de ce concours, une précieuse autorité et un puissant appui.

Angers, 1er février 1868.

Mon Mémoire était imprimé quand on m'a communiqué une épreuve *définitive* de la seconde réponse de M. de Baracé. Je n'ai nullement l'intention de parcourir les différentes assertions de mon honorable ami, ce serait prolonger encore un débat déjà trop long ; cependant je ne puis m'empêcher de signaler à l'attention de mes lecteurs deux passages de ce nouveau travail. Voici le premier : « Je vous ai fait voir tous les auteurs en désaccord entre eux sur le même sujet, c'est que pas UN ne s'est rendu compte de ce qu'il a publié. » Cette affirmation, si peu gracieuse pour tous les savants qui, dans la longue série des siècles, se sont occupés des questions d'histoire naturelle, eût dû être prouvée par des textes multipliés et contradictoires, puisés dans les ouvrages des ornithologistes et des entomologistes. Malheureusement, M. de Baracé s'est contenté de citer deux ou trois textes d'anciennes éditions, sans se préoccuper des nouvelles. Et encore ces textes ne sont-ils nullement opposés à la cause que je défends. L'assertion de mon honorable ami se trouve réfutée par les nombreux passages des auteurs anciens et modernes relatés dans mon Mémoire, passages qui démontrent que sur la question controversée il y a eu toujours un accord à peu près unanime.

Je passe à la seconde citation : « Si je vous montre le bec, la langue, et tout l'appareil digestif du pic et que vous ne trouviez dans trente-cinq cas, de dates différentes, aucune trace de ver, mais bel et bien toujours, un sac bourré de fourmis ;

« Si je vous dis que les pics sont morts de faim, par 14 degrés de froid et qu'on les a relevés sous la neige, pendant qu'ils pouvaient, au dire des auteurs, trouver, sous l'écorce des arbres ou dans leur intérieur, des réserves, des vers ou des fruits ;

« Si je vous dis que les petites espèces de grimpeurs n'ont point eu à souffrir de cette même température, etc. »

Pour justifier ces dernières assertions, M. de Baracé n'eût pas dû montrer aux membres de la Société Linéenne un *pic épeiche* qui avait partagé le sort des deux pics-verts. Est-ce que le pic épeiche n'appartient pas aux petites espèces de grimpeurs? Serait-il mort parce qu'il ne trouvait pas de fourmis? Mais il ne s'en nourrit pas.

Et les deux *sitelles* que l'on m'a envoyées de la commune de Tiercé, ont-elles succombé parce que la neige dérobait à leurs recherches les fourmis qu'elles ne mangent pas? N'y aurait-il pas une cause commune de la mort des pics-verts, des pics épeiches, des sitelles, etc.? Ne serait-ce pas le froid qui empêche ces oiseaux de chercher leur nourriture? Est-il facile, possible même, de *grimper* quand le froid engourdit les membres?

Est-ce que les fourmis, chaque année, pendant toute la saison rigoureuse de l'hiver ne sont pas plongées au fond de leurs galeries souterraines dans un engourdissement qui les rend immobiles? Est-ce que les pics vont les poursuivre dans ces retraites intérieures? Si telle est l'opinion de M. de Baracé, qu'il l'affirme et qu'il la prouve? Mon honorable ami résoudra ainsi un problème très-difficile en indiquant le procédé employé par le pic pour découvrir, dans son vol saccadé, la galerie souterraine des fourmis dont aucun indice extérieur ne révèle l'existence, *pendant l'hiver*.

Je trouve encore cette étrange assertion : « Je ne parlerai point en ce moment, de l'espèce de larves perforeuses que *tous* les auteurs annoncent et que pas *un* n'a nommée, ce qui pourtant mérite de fixer votre attention. » Il suffit de signaler de pareilles affirmations pour qu'elles soient réfutées, car elles sont opposées aux notions les plus élémentaires de l'ornithologie et de l'entomologie. M. de Baracé trouvera les *larves perforeuses*, nommées dans mon Mémoire d'après les textes nombreux des vrais savants qui ne peuvent cependant avoir aucune autorité, dans cette controverse, puisque d'après M. de Baracé « pas *un* ne s'est rendu compte de ce qu'il a publié. » Ce qui me console, c'est, dans la condamnation que porte contre moi mon honorable ami, de me trouver associé à *tous* les auteurs qui, dans *tous* les siècles, se sont occupés des études ornithologiques.

(Extrait des Annales de la Société Linnéenne de Maine-et-Loire, tome X).

ANGERS, IMP. P. LACHÈSE, BELLEUVRE ET DOLBEAU.

www.ingramcontent.com/pod-product-compliance
Ingram Content Group UK Ltd.
Pitfield, Milton Keynes, MK11 3LW, UK
UKHW021012180726
13838UKWH00004B/1524

9 782329 36914